我的第一本咖啡书

——烘豆、手冲、萃取的完全解析

[韩] 辛基旭　著
具仁淑　译

辽宁科学技术出版社
·沈阳·

序　言

1999年，纽约的冬天，我已长时间与家人两地分居，每天重复着从新泽西到曼哈顿办公室的单调又孤独的生活。纽约的冬天刺骨的寒冷，令人难熬。那一天的清晨，我依旧在寒风中跺着脚等待着公交车，公交站旁的小型咖啡外卖店的老板见我冻得瑟瑟发抖，就默默地递给我一杯热咖啡。那咖啡苦中带甜，足以温暖我冻僵的身体。即使在公交车上颠簸了一个多小时，仍然感觉精力充沛，精神抖擞。这就是我在纽约与咖啡的第一次见面。这一杯热咖啡，让我从单调又孤独的生活中完全解脱出来。

我更加深入接触咖啡是因我的美国同事。那同事常带我去街边的露天咖啡店。每家咖啡店的咖啡味道略有差异，而且都是我从未遇到过的浓香型咖啡。对于一直喝惯淡柔咖啡的我来说，这些露天咖啡店，让我在咖啡世界大开眼界。开始我有点儿怀疑如此强烈又浓郁的味道会有人喜欢吗？就这样，我在美国第一次接触到了小杯中带有强烈苦味的意式浓缩咖啡，现在回想起来，依然怀念当时每家独具特色的浓缩咖啡。

回到韩国时，咖啡已经在我日常生活中占据了重要的一部分。但是当时在韩国还不具备随时都可以享受好咖啡的条件。更不用谈买到好生豆是有多么难的事情，就连可信任的咖啡店也是屈指可数的。因此，我开始萌生了亲自制作好咖啡的想法且一直迷恋到现在。

当时在韩国想要系统地学习咖啡很难，因为有名又优秀的咖啡师大部分都处于准备开设咖啡培训班之时，所以没有完全成型的理论基础，大多数是以学徒的形式传授技术。当然偶尔能品尝到非常优质的咖啡，也能见识到高超的技术，但是能对我的疑问和好奇心给予充分解释的人寥寥无几。

因此，我决定租一间小屋，贴上了“咖啡工坊”四个字，开始了探究咖啡之路。一边研究分析咖啡界老一辈的咖啡技术，一边购买了几本被咖啡爱好者称为咖啡宝典的书，仔细地研究咖啡原理和理论背景。这是我追寻答案的执着的过程。过程中当然有无数次的成功与失败，但是在这个过程中我也享受着快乐与幸福。每当我找到答案时，有一种无法用语言表达的快感。我将那时积累的所有成果都编入到《我的第一本咖啡书》书中。

这本书在出版后的4年间，一直深受读者的喜爱，已经重印10次。这4年，咖啡行业也不断成长，第一版书中的一些信息已经过时，另有一部分是因本人的不足而产生的失误，为了重新矫正错误，补充最新的信息，我们决定出版修订版。在众人的努力之下，目前，身边优秀的咖啡店越来越多，有关咖啡的信息很丰富且也较容易获取到。这本书满载了我长久以来的努力成果，希望能帮助大家在进一步理解咖啡、热爱咖啡之路上有启示。

2015年夏天　辛基旭

目　录

咖啡的基础

Part 1 咖啡豆

Part 2 烘焙

Part 4 浓缩咖啡

Part 5 多样的萃取方式

咖啡的基础

1

咖啡是没有正解的“食物”

在专业领域中，咖啡也许是一门艺术或是一项技术。在日常生活中，咖啡是与身边人共同分享的一种“食品”。食品，只要能充分体现出原材料的优点，大多数人认可其味道，即使没有高级而华丽的味道，原材料本身的味道就能给人带来感动。咖啡也如此，新鲜又优质的食材做出来的食品始终让人赞赏，好的咖啡豆做出来的咖啡，即使没有突出的特点，也很难挑出其缺点。

首先要选优质的咖啡豆，烘焙豆要尽量在短时间内用完为好。烘焙过的咖啡豆大概在15天至一个半月后香气就开始慢慢减弱。要想享受新鲜咖啡豆，最好事先了解一下自身的咖啡消耗量再准备为好。还要注重咖啡器具的清洁。就像我们平常饭后洗碗一样，萃取时所用过的咖啡器具也需要及时清洗。

咖啡作为一种食品，清洁是做食品、吃食品的人最起码要遵守的极为基本的要求。虽说如此，其实没有必要把准备咖啡的过程想得太复杂，就像每个人都有自己所习惯的做饭流程一样，咖啡也如此。

好喝的咖啡，有一套大家公认的制作方法。以浓缩咖啡为例，使用7g研磨成很细的咖啡粉，借助9Pa的压力，用大约90℃的热水，萃取25mL。如果从标准的原则考虑，这个萃取浓缩咖啡标准应受尊重，无可非议。但是完完全全按照这个标准萃取出来的咖啡，并不一定能满足所有人的口味。换句话说，我所喜欢的咖啡味很有可能与这种萃取标准是不一样的。

当然，正规的咖啡店不能随意改变咖啡味道，给客人提供的咖啡味道有必要保持一致。但这种味道一致的萃取方式，可能并非是大家公认的那种萃取方法。其实也没有必要抱着非它不可的想法，因为“好的味道”是没有规定的，更是无法规定的。

对于咖啡的“味道”没有规定的正确答案。体现个人的喜好或者个性化的咖啡有可能与大家公认的萃取标准有所偏离。因为根据烘焙度、研磨度、水温、萃取时间等条件的不同，其萃取出的咖啡味道也不同。因此想要萃取美味好咖啡，首先要考虑咖啡的这种不稳定性，但也不能忽视萃取美味咖啡的基本标准，更得注重的是寻找适合咖啡个性化的萃取方式。

如何制作咖啡，味道是如何变化的，了解这些原理是比较艰辛的过程。但是把它想成寻找我所喜欢的咖啡味道的路程，那将会成为很有乐趣的体验。因为这也是寻找个性化味道的过程。感受咖啡的多样性，制作出个性化的咖啡，享受咖啡带来的不同惊喜，是一次其乐无穷的体验。

2

咖啡的背景知识

每一个历史学家对咖啡起源的说法都略有不同，但大多都认为，埃塞俄比亚是阿拉比卡咖啡的起源地。谈起咖啡的发现，最常听到的是埃塞俄比亚的牧童卡尔迪的传说。卡尔迪发现羊群吃了不知名的红色果实之后，莫名兴奋，飞奔乱舞，便将这种情况告知了修道院。修道院的教徒惊奇地发现，吃了红色果实之后倦意消失，精神抖擞，可以彻夜敬拜。除此之外，还流传着各种不同的传说，例如在中东传播中国茶之时，在寻找与茶的功效相似的饮品过程中，发现了咖啡。除了这种传说之外，有关咖啡的最早文献是公元900年左右波斯的名医拉齐（Rhazes，850—922）所记录的内容。之后到了公元1100年左右，文献上的咖啡演进为咖啡饮料。

关于咖啡一词的起源也有很多说法，其中最有说服力的就是阿拉伯语“卡瓦”（指植物饮料）演变而来的传说。“卡瓦”原指为葡萄酒，慢慢地只要带有兴奋提神作用的饮料也被统称为“卡瓦”。后来称咖啡时，酒的叫法渐渐不再被使用，取而代之的是开始使用“kave”“kaffa”等叫法。16世纪初这个叫法被传到意大利，转音为现在的“caffe”。

长期以来很多人挚爱咖啡的原因，除了咖啡自带的独特的苦味、酸味、香味之外，还有一个重要的因素，那就是咖啡因。咖啡因的分子式为$C_8H_{10}N_4O_2$，冷水不易溶解，热水易溶解且带有苦味。咖啡因在医疗界被认为是中枢神经系统兴奋剂、呼吸兴奋剂、强心剂、利尿剂、消除疲劳剂等，还对偏头痛、心脏病有效。

咖啡因可以刺激交感神经、提高心脏功能，有利于心血管扩张、使血液循环变好、改善血流、减少头痛、预防嗜睡，也具有消除疲劳的作用。因此喝咖啡能促进大脑活动，有效提高工作效率。而且咖啡因会使心脏更加活跃跳动，可以有效缓解肌肉紧张，有助于消耗脂肪。因此运动之前经常喝咖啡的人减肥效果更加明显。

有些上班族每到星期日就会出现头痛的现象，这就是所谓的星期日头痛综合征（Sunday Headache Syndrome）。这是因为大部分上班族星期日有睡懒觉的习惯，不能及时供给咖啡因，从而发生的暂时性脑血管萎缩症状。这时喝上一杯咖啡就能恢复脑血管扩张，随即头痛也可以消除。就因为这样，有人会提到咖啡因中毒或成瘾的问题，但是事实证明，只要一到两天不吸取咖啡因，头痛现象也会消失，这反过来也证明了喝咖啡不会有咖啡因中毒这个问题。截至目前，医学界认为，每个人对咖啡因的敏感程度不同，可能会出现无法入睡、手脚微颤等症状，但还没有对身体有严重副作用的报道。

不过我们常见的三合一的速溶咖啡或者加各种添加剂的咖啡，会导致糖的摄入及热量过多而引起体重增加，诱发口臭与蛀齿。此外，我们常见的加添加剂的咖啡喝多了可能对身体有不良影响，因此考虑到健康，最好选择无添加剂的纯咖啡。

Part 1

咖啡豆

1

咖啡的品种介绍

日常生活中我们最常接触到的是速溶咖啡。即使不喜欢喝咖啡，至少都会见过粉末或者颗粒状褐色的速溶咖啡。现如今，随着咖啡文化的普及，越来越多的人开始接触没有研磨的咖啡豆。

不管是速溶咖啡还是高级咖啡豆，都是用咖啡树上结出的果实的种子加工而成的。烘焙之前的咖啡豆叫作生豆。生豆种类很多，由于咖啡品种及咖啡树生长的地域环境不同，味道也不同。如同葡萄、草莓等水果，会根据品种和生长环境不同其味道也大有区别。

那么我们就先了解一下最具代表性的咖啡品种。

咖啡是茜草科（Rubiaceae）类咖啡属（Coffea）的常绿灌木。茜草科类植物因含有大量治疗功效的成分，自古以来就多用于药物（栀子树等）。多用于治疗疟疾的金鸡纳霜等也是从茜草科类植物中提取的，咖啡最初也是被当作药材使用。这些咖啡属树木可分为阿拉比卡种（Arabica）、罗布斯塔种（Robusta）、利比里卡种（Liberica）等三大咖啡品种。其中利比里卡种因其商品性不高几乎没有栽种，所以我们几乎没有机会接触，我们常接触到的咖啡是阿拉比卡种和罗布斯塔种。那么阿拉比卡种和罗布斯塔种有何不同呢？

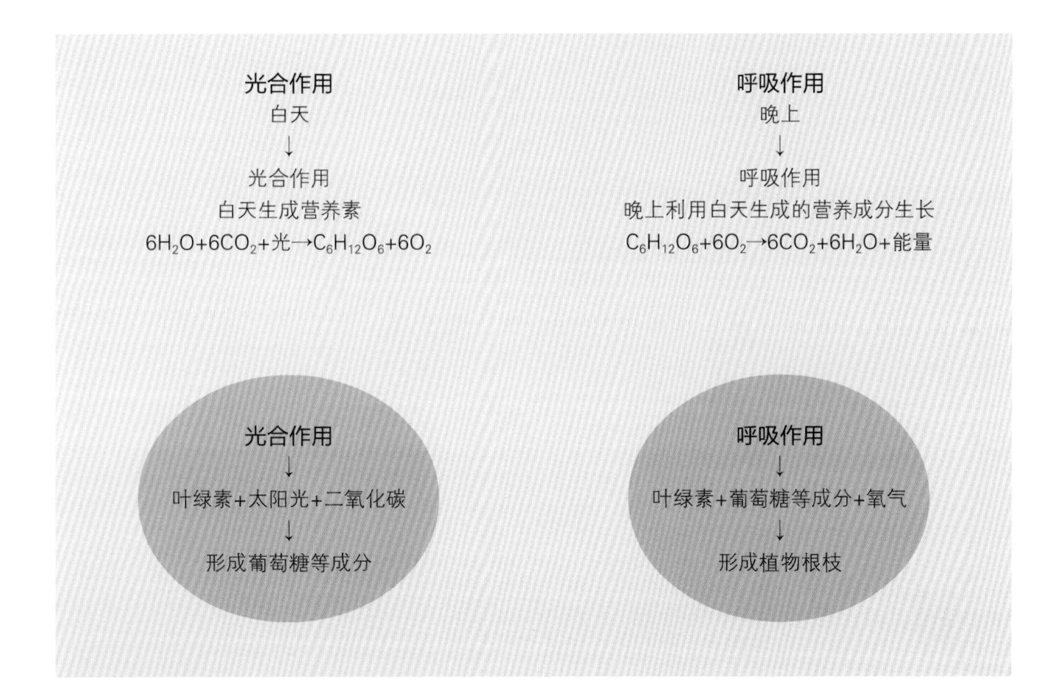

阿拉比卡，高级咖啡的代名词

阿拉比卡种占据了全世界咖啡生产量的70%左右，日常生活中被我们称之为“原豆”的咖啡豆，绝大部分都是阿拉比卡品种。由于阿拉比卡种咖啡有迷人的香气和丰富的味道，因此被认为是高级咖啡豆的代名词。这种咖啡特性与其栽培环境有着密切的关联。

埃塞俄比亚的高原地带是阿拉比卡种的原产地，也许是阿拉比卡种的原产地处于赤道附近的高原地带，其既不耐热也不耐寒，只有在年平均气温保持在15～25℃的地方才能栽培。

像这样不分四季，气温稳定的地域也就只有赤道圈。但是这个区域的平均气温相当高，很难直接在地面栽培。所以利用海拔每上升100m，气温下降1℃的原理在高原地带栽培咖啡。例如年平均气温40℃的赤道区域，在海拔1500m的高原地带气温能保持在25℃左右，只有在这种地方咖啡才能生长。

另外，高原地带平均气温保持在25℃左右，但是昼夜温差很大，这对植物的光合作用和呼吸作用有着密切的影响。

在白天，气温高、日照强，光合作用很活跃，能形成大量的葡萄糖和其他好成分，相反到了晚上气温急剧下降，相对来说减少了呼吸作用，这样的栽培条件，更加突出了阿拉比卡种的特性，使香味更加浓郁而复杂，产生优质的酸味。就像海拔高、寒冷地的蔬菜比一般的蔬菜口感脆、味道甘甜是一样的原理。

阿拉比卡种生豆呈扁平形，中央线弯曲几乎没有空隙。从侧面看蜿蜒的曲线，摸着略有湿润柔软的感觉。

罗布斯塔，不是只用于制作速溶咖啡

最早在刚果发现，刚果种咖啡是以“罗布斯塔”的商品名被人们熟知，较比阿拉比卡种，耐高温耐热，可以在低海拔地域栽培，在这种平原地带，植物的呼吸作用比光合作用更加活跃。这种平原地带的植物，通过光合作用生成的糖分与其他成分，一部分是被消耗在咖啡香气和口味的生成上，大部分是被消耗在植物

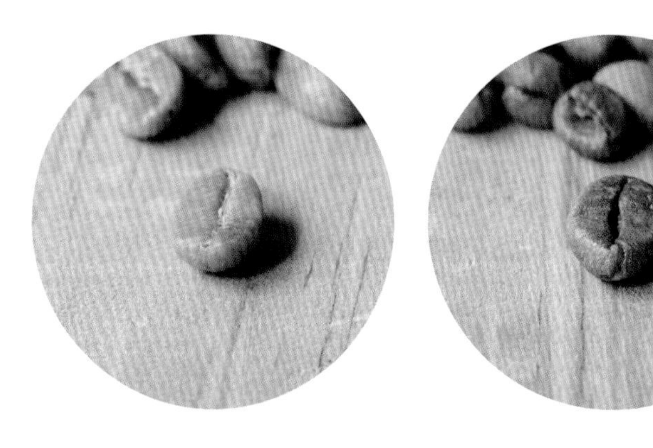

阿拉比卡　　　　罗布斯塔

阿拉比卡与罗布斯塔豆的特征对比

	阿拉比卡	罗布斯塔
原产地	埃塞俄比亚	刚果
栽培高度	高原地带——海拔 1000～2000m	平原地带——海拔 800m以下
耐病虫性	弱	强
咖啡因含量	0.8%～1.5%	1.7%～3%
有机酸，油脂含量	14%～18%	8%～9%
含糖量	8%	5%
香气	花香、水果香等丰富复杂的香气	相对阿拉比卡种香气少
风味	优质的酸味为主，能感受到甜味、苦味等复合的味道	大体苦味较强

根枝组织的形成。这样的栽培条件，使罗布斯塔豆带有固有的特点。

与阿拉比卡种相比，罗布斯塔种的香味淡，苦味比酸味突出。萃取这种刚刚烘焙的罗布斯塔种咖啡豆，散发出玉米茶般香喷喷的味道，醇度、厚度都很强烈。

罗布斯塔一般多用于制作灌装咖啡和速溶咖啡。其主要原因是与阿拉比卡相比，价格相对低廉。除此之外，与罗布斯塔的苦味强、质感好也有很大的关联。罗布斯塔咖啡本身质感非常好，在加工过程中可能会流失一部分香气，不过可以再加入一些可提升香气的咖啡来弥补，这样也可以体现出咖啡的新鲜度。 它还多用于浓缩咖啡的拼配。罗布斯塔种即使浅度烘焙，也能够萃取出口味丰富的咖啡及优质的Crema（Crema在意大利语中是奶油的意思，指萃取浓缩咖啡时出来的金黄色的油脂）。

现在消费者很难买到好的罗布斯塔咖啡豆，因为大多数罗布斯塔豆被大批量生产成速溶咖啡，市面上流通的罗布斯塔豆大部分是质量差、价格低的生豆。就因为这样，使得罗布斯塔常被误解为低级咖啡豆。

罗布斯塔豆比阿拉比卡豆更加饱满，中央线垂直裂开，从侧面看通常是平的或者中间突起的，摸着比阿拉比卡豆硬，感觉像小石子一样。

2

咖啡的栽培过程

前面也提到过，咖啡果实内的种子便是咖啡豆。从咖啡树上采收果实经过加工就可以获得里面的种子。咖啡是带有商业性质的植物，所以好多都是大规模的农场种植。下面我们来了解一下咖啡是怎样栽培的，以及采收后又是怎样加工的。

咖啡果实外表通常是红色，所以被称为咖啡樱桃，一个果实里面一般有一对种子，而且互相相对着成长，由坚硬的内壳包裹着。摘下一粒咖啡樱桃，除掉不用的外壳和果肉，得出的两粒种子就是咖啡生豆。

咖啡樱桃有红色的外皮，里面有果肉。果肉里含有糖分，吃着会有香甜的味道。除掉果肉就能看到保护种子的一层外皮叫作内壳（Parchment），也就是内果皮。剥开内果皮就会看到一层薄膜，这个就是银皮（Silver Membrane）。去除内果皮后，可以通过捏揉去除银皮，但是大多是在带银皮的状态下流通。因为在烘焙过程中会自然脱落。烘焙时脱落的或者粉碎时脱落的叫作银皮屑（Chaff）。

我们买得到的咖啡生豆不能直接种植，而是带着内果皮的状态种植。带有内果皮的种子栽种4～5周之后就会发芽，苗床培育6～12个月后再把苗木移栽到土里。一般在3年以后就可以收获。

咖啡樱桃里长着一对互相对称的种子，因这两粒种子面对面生长时相互牵制，所以相对的那一面不能饱满地成长，只能各自向内呈卷曲的状态。从侧面切开来看断面，就像握紧拳头的样子。因咖啡豆的这种特殊的形态，烘焙时会发生

咖啡樱桃和咖啡樱桃外皮稍微剥开的样子，果肉里有相对称的2粒种子，右侧呈黄色的樱桃是黄色品种（Amalelo）。

爆裂现象（Crack）。紧贴在一起生长的种子有一面是平而卷曲的，卷进去的部分在烘焙时受热要撑开，这时先从种子薄弱的末端开始碎裂并发出树枝裂开的声音，这种现象又叫作爆裂（Popping）。

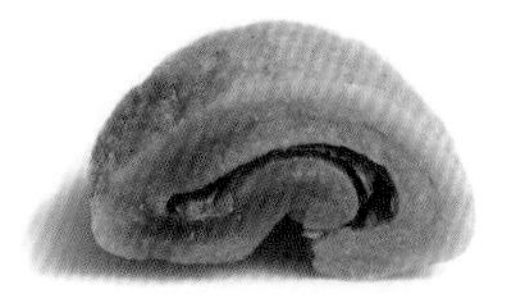

咖啡豆断面图

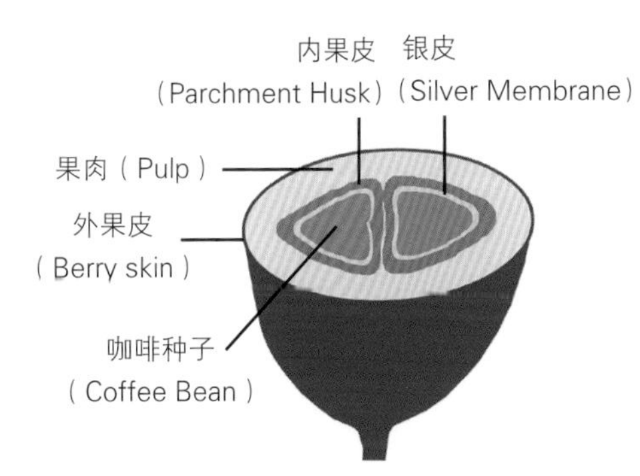

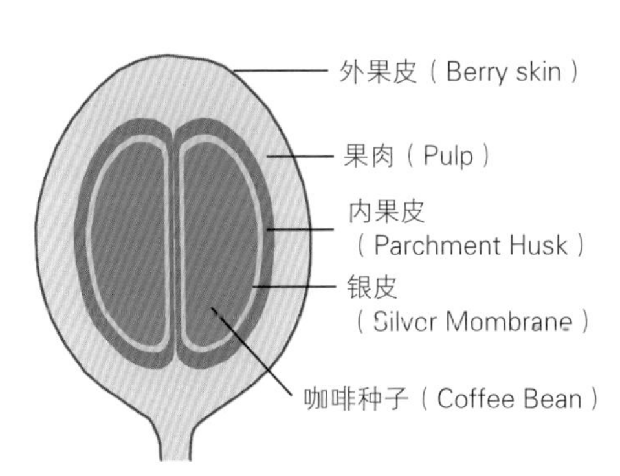

咖啡樱桃的构造

3

咖啡加工方式

咖啡采收后要经过不同的方法精制后才能得到生豆，根据精制方法不同，即使同种的生豆其特征也有很大的差异。我们就从最常用的水洗法（Washed Process）和自然干燥法（Natural Process）这两种精制法开始了解吧。

水洗式精制法

水洗式精制法是分离果肉和种子时广泛使用的方法之一，在韩国通常用这种方法获取银杏树的果实。从银杏树上摘下果实后剥开口，再浸泡在水里软化果肉，在流水中将果肉清洗干净后，剥掉坚硬的内壳就能获取果实。

这种方法与咖啡的水洗式精制方法非常类似。采收咖啡樱桃后，先用果肉分离机去掉果肉，然后再浸泡在发酵槽里去除残留在种子上的黏液质，带着内果皮的状态下，经过日晒或者机器干燥后再去掉内果皮。

水洗式精制法工序复杂，每道工序都需要不同的设备。想要生产高价生豆，必须要提高生豆的质量。为提高生豆质量，通常选择采收熟透的果实，这样才能保证质量均一。水洗式精制法是先去除果肉后再干燥，因此大幅度缩短了干燥的时间，所以加工过程中生豆的味道几乎没有变化，生豆自身的风味很突出，杂味

①发酵过程
②水洗
③干燥
④水洗之后带内果皮的状态

杂香较少。阿拉比卡种的60%左右都是采用水洗式精制法。部分罗布斯塔种也是选择水洗式精制法。水洗式精制法从发酵到水洗过程中，1kg咖啡樱桃大概要消耗120L的水，这也可能造成环境污染。目前，越来越多的庄园采用环保的自然干燥式精制法加工高级生豆。

水洗式加工的咖啡豆

自然干燥式加工的咖啡豆

自然干燥式精制法干燥咖啡樱桃

自然干燥式精制法

自然干燥式是加工咖啡樱桃最传统的方法。一直延续使用传统加工方式的地区或贫困的农户，还有缺水的地区多采用这种自然干燥式。首先把咖啡樱桃从树上摘下来，除掉树叶、树枝等杂物，接着放到地面或平板上晒干后把果壳去除。自然干燥式在干燥过程中随着水分蒸发，果肉也蒸干，只剩外果皮，这时外果皮和内果皮紧贴在一起，最后把果皮去掉就可以了。与水洗式相比，自然干燥式每道工序需要的设备简单，而且成本低，还不会造成环境污染，因此也很受人们关注。另外还有一个优点是，干燥过程时间较长，果实内部温度上升的同时咖啡的一些成分会受到影响，咖啡味道会变香甜，醇厚度会更加优越。缺点是由于带着果肉状态下加工，因此咖啡豆颜色会出现不均匀现象，还有随着咖啡樱桃的状态，加工后的咖啡豆会带有一些杂味或杂香，这些都会对咖啡生豆的质量产生影响。

咖啡的成分

据我们所知，咖啡豆中包含的成分大概有1000种，其中主要影响味道和香气的成分如下。

咖啡因（Caffeine）

刺激交感神经的物质，带有苦味。

绿原酸（Chlorogenic Acid）

因抗氧化而受瞩目的多酚也包含在这里面。带有强烈的酸味，烘焙过程中容易被分解，所以越是浅度烘焙的咖啡其含量也越多。

甲酸内盐（胡卢巴碱 Trigoneline）

烘焙时最能影响香味的成分，苦味约为咖啡因的1/4左右。

氨基酸（Amino Acid）

从蛋白质里分解形成的氨基酸，因拥有各种固有气味而影响咖啡的香味。

糖类（Carbohydrate）

与氨基酸产生化学反应后结合，烘焙时会引起颜色和香气的变化。

4

各产地的咖啡特点

最近，好多咖啡店都推出手冲咖啡（Hand Drip Coffee），对于不熟悉手冲咖啡的人来说看着菜单可能会有点儿慌张，因为通常菜单上的手冲咖啡品种很多，并且大部分是从没见过、从没听过的生疏的咖啡名称。哥伦比亚、危地马拉、肯尼亚、曼特宁等，这些咖啡到底各有什么样的味道呢？

菜单上写的咖啡名称大部分是按照产地命名的，这类咖啡又被称作纯咖啡或单品咖啡（Single Origine Coffee）。如果能将这些咖啡按产地、味道整理区分，那将对选择适合自己口味的咖啡会有所帮助。但是咖啡毕竟是农作物，受周边环境的影响较大。首先气候、土壤、栽培方法、加工方法等的不同，其味道也有很大差别。其次由于烘焙方法的不同，即使是同一产区的生豆，烘焙之后味道也有很大差异。以我们熟知的巴西咖啡豆举例，同样的巴西圣多斯No.2（Brazil Santos No.2），其咖啡味道也很难用一两句话简单定义。先不说巴西咖啡种植面积有多大，光是咖啡品种就超过了100多种，所以巴西咖啡并不是像我们知道的那样简单，而是有着更加丰富多样的定义。就因为如此，在这里我不想用一句两句来定义某地域咖啡的味道如何。但是我们可以简单地了解一下，依据咖啡种植地域的特征，其咖啡味道和香气都有什么样的区别。

中美洲

属于热带的中美洲连接着两个火山带，是由200多个活火山和休眠火山以及高原地带组成。其气候和土壤非常适合咖啡生长，以生产出高品质的咖啡豆而闻名。

这一地区降水量充足，水资源丰富，因此通常采用水洗式加工方法。这一地带海拔很高，主要栽培阿拉比卡种。它属于高原地带，昼夜温差大，再加上大多数是火山土壤，因此在这里种植的咖啡香气迷人，酸味突出，但醇厚度略弱。

牙买加

邻近加勒比海的牙买加年降水量均匀，土壤吸水性好，是栽培咖啡的非常理想的环境。在这里生产出来的咖啡酸味、甜味，还有香气等的平衡性很突出。因稀有所以价格高，因此牙买加咖啡被称为“咖啡皇帝”，但是也有人认为较质量相比，其评价又有点儿过高。

墨西哥

墨西哥的大部分地区都属于高原地带，栽培咖啡拥有很优越的条件。从18世纪就开始生产咖啡，主要以南部地区为中心集中栽培。传统的墨西哥咖啡具有略弱的醇度，略感干燥，还有干净利落的酸味等特点，使其足以与清雅的白葡萄酒相媲美。主要生产阿拉比卡种咖啡，大多采用水洗式加工。

古巴

古巴的咖啡酸味与苦味的谐调性很好。19世纪初期，古巴开始大范围栽培咖啡，光是咖啡农场就达到2000多个。然而，之后随着砂糖业逐步占据中心产业的位置，再加上不稳定的政治动态，导致咖啡种植规模逐渐减少。

萨尔瓦多

土壤肥沃，国土的大部分地区处于高原地区，这使萨尔瓦多拥有栽培咖啡天赐的自然条件。优越的酸味，无杂味、纯净的味道是其特点。很长一段时间，由于萨尔瓦多的政治不稳定，导致咖啡无法在世界市场上得到大力推广，可是进入2000年以后，反而因为政治不稳定而无法实现品种改良，只能种植原生种的特点开始被世人关注，又因原生种有丰富的味道而逐渐受到世人瞩目。

巴拿马

提起巴拿马，首先会想到巴拿马运河，巴拿马也因生产高品质咖啡豆而闻名。轻薄的厚度、香甜的口味是其咖啡的特点。主要生产原生种咖啡，进入2000年后，在巴拿马栽培的瑰夏种咖啡开始被世人关注，名望也逐步提升。除了瑰夏咖啡豆之外的其他咖啡由于高品质也得到很高的评价。

危地马拉

中美洲咖啡中危地马拉的咖啡赫赫有名。该地区具备栽培咖啡所需的充足的降水量，还有火山性土壤等最佳的自然条件。其咖啡具有高级咖啡应有的清爽的酸味、优越的醇厚度、迷人的香气等基本条件。安提瓜（Antigua）、韦韦特南戈（Huehuetenango）等地区的咖啡产区举世闻名。

南美洲

南美洲可以说是生产咖啡的主要地域，肥沃的土壤，充沛的降水量等优越的条件很适合生产优质的咖啡。这一地域栽培咖啡历史悠久，从很早以前就开始大量生产咖啡，至今也在世界咖啡贸易中影响着市场的数量和价格。主要生产阿拉比卡种，多采用水洗加工方法，不过也有部分地区因缺水而采用自然干燥式加工方法。

哥伦比亚

哥伦比亚的咖啡苦味和酸味突出且咖啡味道纯正，而且因其迷人的香气又被称为“穷人的蓝山”。除此之外，哥伦比亚咖啡还被视为柔和咖啡（Mild Coffee）的代名词，主要栽培品种有哥伦比亚（Varied Colombia）和卡杜拉（Cattura）这两个品种。

秘鲁

在南美洲，秘鲁是有机咖啡的主要生产国，酸味和甘甜味很谐调。

玻利维亚

玻利维亚因政治不稳定导致咖啡品种无法进行改良，也影响了咖啡的大量出口，在国际咖啡市场中的知名度也很低，但玻利维亚咖啡常被烘焙师们称赞为优质咖啡。近几年来随着政治逐步稳定，玻利维亚咖啡也逐渐开始被世人关注。玻利维亚咖啡酸味重，香气浓郁，是一种让人感觉很纯净的咖啡。

巴西

巴西占据世界咖啡生产量的1/3以上。具有酸味柔和、香气浓郁、醇厚度适中的特点，因此多用于基础拼配。舌尖上的触感柔软，平衡度优越。蒙多诺渥种（Mundo Nove）占据生产量的80%，主要产地有摩吉安纳（Mogiana）、喜拉多（Cerrado）、米纳斯（Minas）等。

亚洲

亚洲的咖啡产区大部分降水量充沛，温度均匀。因这样的气候环境，该地区生产的咖啡与其他产区的咖啡有所不同，具有厚重的醇度、浓郁的香气以及柔和的质感，从而深受喜爱。在亚洲生产咖啡地域宽广，因此独具特色的咖啡豆也有很多。

越南

越南是罗布斯塔的主要生产国。强烈的风味、浓郁的口感和迷人的香气为其特点。它有多种独特的香气，且又不易变味，因而多用于有个性的意式拼配豆，或者用在加工过程中容易流失香气的速溶咖啡上。

印度尼西亚

印度尼西亚除了生产阿拉比卡咖啡豆以外，也大量生产罗布斯塔咖啡豆。水洗加工的罗布斯塔以WIB而闻名，此地域的罗布斯塔豆有醇厚度弱、味道淡的特点。进入21世纪后，以传统自然干燥式加工方法处理的阿拉比卡咖啡豆逐渐受到全世界的关心和瞩目。优质的苦味和浓郁的醇厚度为其特点。苏门答腊曼特宁（Sumatra Mandheling）、爪哇（Java）、苏拉维西·托拉雅（Sulawesies Toraja）等产区的咖啡非常出名。

印度

印度的罗布斯塔咖啡豆，因其浓郁的巧克力香气和优越的醇厚度广受人们的喜爱。采用水洗式加工法和自然干燥式加工法，两者名气都很高。阿拉比卡咖啡豆的特点是突出的甜味、淡淡的酸味以及优越的醇厚度。例如季风咖啡豆（Monsoon），裸露在高温高湿的环境中，在这样的加工过程中略微发酵，酸味被抑制，这也是加工过程中形成的独特味道。就因为这种特点，在欧洲地区习惯用于拼配豆。印度生产的阿拉比卡是以水洗式加工为主。

东帝汶

帝汶咖啡是在20世纪初为了对抗咖啡树的疾病——叶锈病——而改良的。淡淡的酸味和苦味为其特点。东帝汶长期受殖民统治，咖啡生产条件较差而无法保证质量。东帝汶独立之后，为了帮助这新成立的独立国的成长，世界各大组织以及贸易组织也在积极帮助，我们也可以期待，不久的将来能够生产出高品质的咖啡。

中国

从20世纪初就开始栽培咖啡。特别是在云南省，冬天的气温也能维持在15℃以上，具备了栽培咖啡的极佳条件，因此这里的生产量占中国咖啡总生产量的80%以上。云南咖啡略带刺辣感，但有稠密的厚度，适合用于意式拼配上。

夏威夷

夏威夷的年降水量充沛，温度适合，还具备火山带地形，这些是栽培咖啡所需的绝佳条件。在科纳岛栽培的咖啡以高品质而闻名，具有高级的酸味和甘甜味以及适中的醇厚度，被称之为世界三大咖啡之一（世界三大咖啡：牙买加·蓝山，也门·摩卡玛塔里，夏威夷·科纳）。这里的咖啡庄园已形成完整的品质管理系统，咖啡质量相当均匀优越，唯一的缺点就是价格太高。

非洲，中东

非洲和中东是咖啡的发源地，也是主要的咖啡栽培区域，在这个区域生产的水洗式阿拉比卡咖啡，具有酸味佳、香气迷人的特点，但醇厚度相对略弱。自然干燥式加工的阿拉比卡咖啡，甜味和醇厚度以及平衡度都很优越。

埃塞俄比亚

以水资源匮乏的北部地区为中心，大量生产自然干燥式加工的咖啡。部分水资源较丰富的地区也生产水洗式加工的咖啡，这种咖啡以高级咖啡而著名。味道与纯原生种咖啡很接近，酸味较重。有浓郁的水果香和花香。代表性的咖啡产地为耶加雪啡、西达摩等。

肯尼亚

世界闻名的咖啡之一，酸味重，咖啡固有的味道突出，有品位，加上香气优越而深受喜爱。肯尼亚咖啡是与葡萄酒相媲美的好咖啡。

坦桑尼亚

苦味和酸味较谐调，在英国王室中深受喜爱而得名。

也门

将也门咖啡称之为咖啡的代名词也不为过，拥有最高评价的咖啡。众人熟知的摩卡（Mocha）是也门咖啡输出港口的名字。以具有与咖啡原生种接近的香气、优质的酸味和醇厚的质感等复合性的风味而闻名。

咖啡是如何命名呢?

在咖啡店点手冲咖啡，我们通常都说“肯尼亚”、“危地马拉”等。像这样单品咖啡的名称都带着栽培国家的名字。再具体地说明，在国家名称后面附上产地及生豆等级或者输出港口名等。夏威夷·科纳（Hawaiian Kona）或者危地马拉·安提瓜（Guatemala Antigua）就属于国家名称后面标产地的情况，好多国家有多个代表性的咖啡产区，所以为了区分产区特性，除了国家名称之外还单独标上产地名字，根据需要还会标咖啡等级。肯尼亚AA （Kenya AA）是国家名后面标了生豆等级，同一国家内如果产区没有特殊区别，只需要区分等级就可以流通。例如巴西圣多斯No.2（Brazil Santos No.2）这种标记就是栽培国家和输出港口的名字还有生豆等级。

国际咖啡市场上流通的咖啡豆有些是标上产地和等级，还有些豆会标上农场的名字和栽培后加工处理方式。这是为了把现有市场流通的普通商业等级（Commercial Grade）的生豆和质量优质的生豆区分开来。如同高品质的红酒上标有产地与生产商的AOC命名法。

要举例来说的话，像Brazil Santos No.2 17/18 Fazendas Aurea Full Natural是通过巴西圣多斯港口输出的，等级是No.2，颗粒筛网尺寸是17/18目，是自然干燥式处理的咖啡，是Aurea农场生产的。再进一步说明，就是在Aurea单一农场生产，并且品质均一的咖啡。巴西的多数产区是半自然干燥法， Aurea农场选择了与之不同的自然干燥法。

虽然没有固定的法则来定义咖啡的名字，但是所有咖啡名称自带含义，如能仔细分析，就会对选择优质咖啡有所帮助。

5

挑选美味咖啡的标准

咖啡生豆的等级是为了在咖啡交易市场上了解生豆的质量，设定合理的价格而定下的标准。以生豆的大小、瑕疵豆数量、栽培地区海拔高度、地区名称等来区分，而且不同国家和不同地区适用的标准也不同。

就是说，生豆的等级是依据各产区的情况而制订，适用于本国利益的标准。另外味道在区分生豆等级上不能成为标准。味道将成为咖啡固有的特点。也就是说，生豆等级与味道是有一定的区别，等级高的生豆并不都意味着其味道也很优质。在实际的生豆交易中，对咖啡价格起决定性作用的并不是生豆等级而是其味道，因此在市场上常常会见到相对低等级的咖啡反而比高等级的咖啡价格更高的情况。

等级高的咖啡豆虽然无法保障百分之百是好的味道，但是其栽培和加工过程的条件可能很优越。正因为如此，在交易市场上对这个“可能性”比较注重，所以获得等级高的咖啡生豆都是以高价交易的。

咖啡生豆通常都是大批量地进行交易的，因此交易时不得有差错，要找到优质味道的商业性好咖啡。所以有专业的咖啡品鉴师（Cupper），在交易现场对咖啡的味道和香气进行评价，帮助生豆采购者在产地能够选到优质的咖啡。

巴西是以瑕疵豆的数量评定咖啡豆的等级。除此之外，印度尼西亚、埃塞俄比亚等国家也是按照此基准。巴西相对来说处于海拔低的地域，因此不以海拔高度和豆子大小区分等级。巴西栽培的咖啡品种较稳定，咖啡种植业已形成完整的农场化、机械化的操作体系，品质较均一，所以按照瑕疵豆数量来区分等级。

以我们熟知的巴西圣多斯No.2（Brazil Sontos No.2）来举例，“巴西”指的是产地名字，“圣多斯”是指输出港口的名字，No.2是生豆的等级。巴西生豆的评定等级的方法是抽检300g生豆中所含有的瑕疵豆数量来换算而评定的。

依据瑕疵豆的数量评定生豆等级

等级	瑕疵豆个数	
	巴西公认等级标准（Offcial Brazillian Classification）	纽约交易所标准（New York Method）
2	4	6
2/3	8	9
3	12	13
3/4	19	21
4	26	30
4/5	36	45

这样的等级要经过复杂的评定体系来区分，与我们想的又有所区别。按照上面的表格来看，从购买到的巴西圣多斯No.2中抽出300g生豆，瑕疵豆数量必须低于4个才可以。但是进行手选（Hand Pick），从生豆或者烘焙豆中用手选取可能会影响咖啡味道的不良豆的过程，就也有可能挑出10个以上的瑕疵豆，这是因为区分瑕疵豆的过程有着很复杂的条件，所以出现这样令人困惑的结果。

挑出的瑕疵豆中，如果只有4粒黑豆Black Bean（栽培加工过程中变质而发黑的豆子）的话可认为符合等级区分要求，但是瑕疵豆的区分基准是虫蛀豆5个换算为一个瑕疵豆，所以如果抽出的300g的豆子中虫蛀豆即使有20个也依然可以列入流通用的No.2的等级。这样算来抽样时，瑕疵豆数量也可能达到10个以上。

如果每一个瑕疵豆都扣上1分的话，对于生产者来说很不利，因此根据瑕疵豆程度来区别扣分。

瑕疵豆扣分表（巴西公认咖啡豆等级评定标准）

瑕疵豆	个数	扣分
黑豆（Black Bean）	1	1
发酵坏豆（Sour Including Stinker bean）	1	1
贝壳豆（Shells）	3	1
未熟豆（Green）	5	1
裂豆（Broken）	5	1
虫蛀豆（Insect demaged）	5	1
畸形豆（Mal-formed）	5	1

混入异物扣分表（巴西公认咖啡豆等级评定标准）

异物质	个数	扣分
干果实（Dried Cherry）	1	1
浮在水面的豆（Floater）	2	1
大石头或枝叶（Large Rock or Stick）	1	5
中型石头和枝叶（Medium Rock or Stick）	1	2
小石头和枝叶（Small Rock or Stick）	1	1
大的干果壳（Large Skin or Hust）	1	1
中型大的干果壳（Medium skin or Hust）	3	1
小的干果壳（Small Skin or Hust）	5	1

虽然印度尼西亚的评定质量标准有点儿复杂，但是总体来说还是按照瑕疵豆数量来评定的，也有一些地方以生豆大小的标准来交易。

印度尼西亚咖啡等级标准

	瑕疵豆标准（每300g生豆中的瑕疵豆个数）
等级1（Grade1）	11
等级2（Grade2）	12～25
等级3（Grade3）	26～44
等级4（Grade4）	45～80
等级5（Grade5）	81～150
等级6（Grade6）	151～250

大小标准（每100g生豆含有个数）	
超大豆——20目（Very Large 20scr）	350个
较大豆——19目（Extra Large 19scr）	425个
大豆——18目（Large Bean 18scr）	450个
中豆——15～17目（Medium Bean15～17scr）	under
小豆——13～14目（Small Bean 13～14scr）	

除此之外，根据加工方法可分为A.P.（After Polishing），EK-1，EK-special（荷兰语Eerst Kwaliteit=First Quality）等，罗布斯塔还有W.I.B（荷兰语 West Indische Bereiding=West Indian Preparation）等这种专业名称。

以生豆大小分等级

好多国家在评定咖啡豆等级时都使用筛网判断豆子的大小。采收后的生豆中抽出一定量的样品，使用筛网正确地测定豆子的大小。筛网是镂空的铁丝网，洞孔通常是按照国际规范制造的，大小单位是1/64in（1in等同于2.54cm），举例来说20号筛网（20scr）是20×1/64in×2.54cm≈8mm的意思。

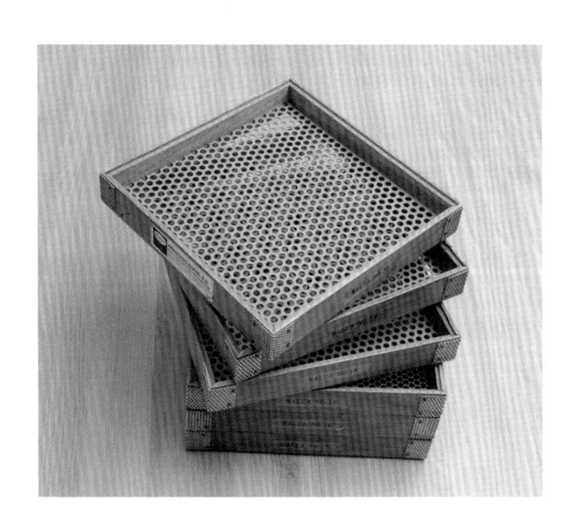

筛网

按照筛网分类的咖啡等级

<table>
<tr><th>1/64英寸（筛网）</th><th>毫米（mm）</th><th>分类</th><th>中美洲，墨西哥</th><th>哥伦比亚</th><th>非洲，印度</th></tr>
<tr><td>20</td><td>8</td><td rowspan="3">较大的豆（Very large）</td><td rowspan="6">上级（superior）</td><td rowspan="3">特选级（supremo）</td><td rowspan="5">AA</td></tr>
<tr><td>19.5</td><td>7.75</td></tr>
<tr><td>19</td><td>7.5</td></tr>
<tr><td>18.5</td><td>7.3</td><td rowspan="3">大豆（large）</td><td rowspan="2">特选级、上选级</td></tr>
<tr><td>18</td><td>7.15</td></tr>
<tr><td>17</td><td>6.75</td><td rowspan="3">上选级</td><td>A</td></tr>
<tr><td>16</td><td>6.35</td><td rowspan="2">中号豆（medium）</td><td rowspan="2">二级（segunda）</td><td rowspan="2">B</td></tr>
<tr><td>15</td><td>6</td></tr>
<tr><td>14</td><td>5.55</td><td>小豆（small）</td><td>三级（terceras）</td><td></td><td>C</td></tr>
<tr><td>13</td><td>5.15</td><td></td><td></td><td></td><td rowspan="2">PB</td></tr>
<tr><td>12</td><td>4.75</td><td></td><td></td><td></td></tr>
</table>

豆子的颗粒大意味着品种条件好，栽培得当，因此豆子颗粒大的咖啡一般获得的等级高且以高价交易。

举个例子，购买哥伦比亚特级咖啡豆和肯尼亚AA时，按照筛网分类的话生豆应该是18目（约7mm）以上，实际上豆子大小却没有想象中那么均匀，甚至还误解为标错了等级或者怀疑有私心的销售商换卖等级低的咖啡。如果我们能了解评价大小定等级的标准，就可以简单地化解其中的误会。

以大小定等级时，从整体豆中取出指定量的样品豆放在筛网上充分地摇晃。那样每层筛网上就会剩下大小与网目一致的豆子，再测一下每层筛网上所剩的豆子重量之后，再把每层筛网上的生豆重量合计起来，生豆合计重量超过总量的70%的筛网开始授予等级的起点。

举例来说，如果测定出来的重量是20号20%，18号50%，17号10%，16号10%，15号以下10%，那么形成全体70%的筛网起点是18号筛网，所以这个咖啡豆就评定为18目生豆等级。如果是哥伦比亚豆就被称为特选级，是肯尼亚·坦桑尼亚豆就能得到AA级。因为筛网式是按照这种方式评定咖啡豆等级，所以即使豆子大小略有不均匀现象，其等级也有效。

如果只销售筛网指定目数以上的豆子，那其余的豆子将成为等级外的产品。因为等级外的产品无法单独销售而给农户带来很大的损失，这样对农户是不公平的，以大小定等级，只要整体大小相似就可以指定等级，使之可以销售，也可以说是维护种植农户利益的一种方法。

肯尼亚

肯尼亚是咖啡生产国中咖啡产业体系健全的国家之一，所有的咖啡都要通过肯尼亚咖啡协会经过拍卖后才能进行交易，因此具有复杂又严格的等级标准。肯尼亚国内适用的等级标准是以瑕疵豆来评定，共有1～10的等级（等级1为最高级品），对外交易标准是以生豆大小来决定。我们能购买到的肯尼亚咖啡相当于内部的3等级，坦桑尼亚也是以相同的标准来进行交易的。

哥伦比亚

哥伦比亚是按照豆子的大小来进行交易，以特选级（Supremo）和上选级（Excelso）这两种等级为标准来进行交易。传统定义上通常把特选级评价为高级咖啡，所以为了获得颗粒大的咖啡豆，国家致力于品种改良，因此大量咖啡被列入特选级而进行交易。

应该注意的是特选级并不是味道的标准，而是豆子大小的标准。因而出现只注重高产量大颗粒为目的改良咖啡品种，而忽视味道的现象。这样即使是特选级咖啡豆，有时也很难得到好评价。反而出现了上选级比特选级卖得更贵的现象。因为生产上选级的农场大多数没有品种改良而是栽培固有品种，这种固有品种可以更好地保存哥伦比亚固有的风味。

根据海拔高度（农场位置）定等级

危地马拉、哥斯达黎加等国家的咖啡等级是依据栽培高度来区分的。这一地区咖啡豆等级与豆子的大小和味道无关，只要农场位置达到指定海拔高度就授予指定的等级。这种方式看起来有些不合理，但是就像之前所解释过的一样，高海拔地区生产的咖啡比平原地区生产的咖啡香气和味道更优越，所以按照高度来定等级也不是不合理。随着海拔的升高，昼夜温差就越大，光合作用与呼吸作用

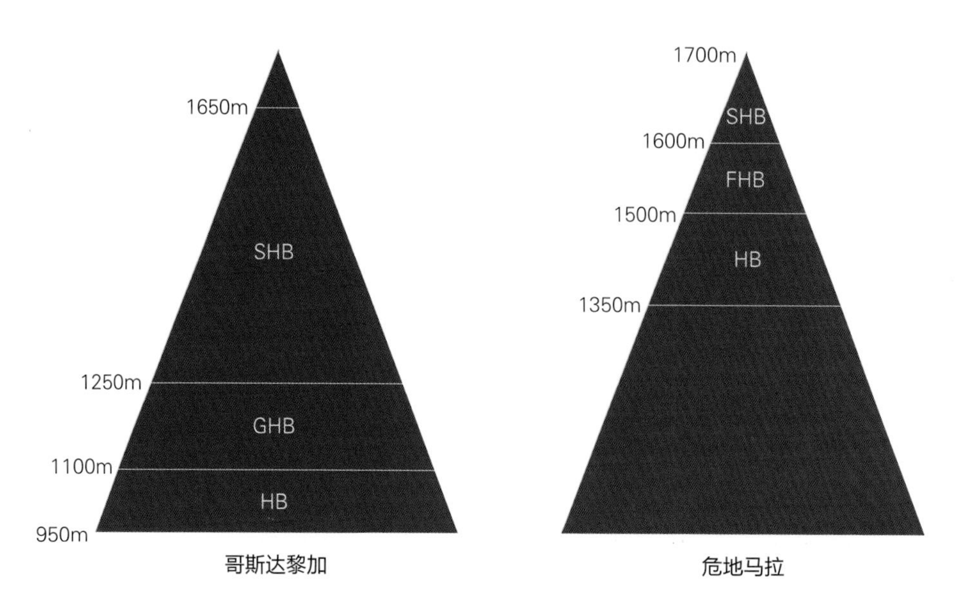

根据高度区分咖啡等级

更加频繁，味道和香气也会更加优越，越是海拔高的地区咖啡生长越困难。在这种条件下生长的豆子，虽然会长得很硬实，但是种子会偏小，再加上抗病虫能力较弱，自然瑕疵豆也容易增多。要是不考虑这种特殊情况，只坚持以大小或瑕疵豆数量来评定等级的话，对于种植者来说是不公平的。因此采用对种植农户更加有利的标准来决定等级。危地马拉和哥斯达黎加根据栽培高度分为SHB（Strictly Hard Bean），HB（Hard Bean），萨尔瓦多、尼加拉瓜等国家是以SHG（Strictly High Grown），HG（ High Grown）为标准来区分。

杯测和杯测师

准备物品

杯测杯：160mL左右

杯测勺：5～7mL的容量

水：90～95℃

装有温水的杯子（洗勺子用）、空杯（装咖啡渣滓和泡沫）、温水（漱口用）。

咖啡：8.25g

水：150mL

杯测（Cupping）是一种评价生豆固有味道和香气的工作，咖啡豆根据烘焙程度和萃取方法的不同，味道也大有区别，所以像SCAA（美国精品咖啡协会）是提前制定好规则，按照规定的方式烘焙生豆，萃取之后先品尝，再使用事先拟定的公式用语来评价咖啡的味道和香气。咖啡品鉴师（Cupper，另称之为杯测师）评价咖啡的固有味道，他们的评价对购买生豆起着很重要的影响。杯测时主要评价香气和味道，所以杯测师不但要有敏锐的感官，更重要的是反复的训练，这样才能充分地感觉出香气和味道。

1. 要准备烘焙8～12分钟，烘焙后不超过24小时的咖啡豆。烘焙程度是从一爆开始到二爆之前就可以，杯测目的是为了识别生豆的质量，就需稍微浅度烘焙，如果是要对烘焙反应进行评价就需要稍微深度烘焙。

2. 将咖啡研磨成0.5～0.8mm的大小（意式浓缩和手冲之间的粗细度）。

3. 研磨的咖啡装到杯测杯后先闻香气(Aromacheck)。

4. 装有咖啡粉的测杯上注入热水，过1分钟后再闻香气（湿香）。

5. 4分钟后膨胀凸起的咖啡粉用杯测勺切开并闻香气（Crust Breaking）。

6. 再把表面漂浮着的咖啡泡沫舀出来（Skimming）。

7. 咖啡凉到55～65℃时，用杯测勺把咖啡液大口地快速吸入口中品尝，同时品尝咖啡的香气和味道。

6

如何进行手选

在网络论坛或博客上常会看到这样的话——“买来的生豆手选（Hand Pick）出了好多不良豆啊”“我烘焙时从来没有手选过，一定要手选吗？”

手选是在生豆或烘焙豆中挑出将会影响咖啡味道的不良豆，以及预测和判断不良豆对咖啡的影响，也是决定选择购买生豆或咖啡豆的过程。另一方面，手选在小规模流通生豆或者烘焙豆时，当作辅助性手段而使用。通过手选还能有效控制生豆质量的下降，更加优化同等级的咖啡味道。根据情况也可以不进行手选。在这里先深入了解一下有关手选的常识吧。

手选原本是以不良豆的个数为标准评价生豆质量时使用的方法，是一一挑选指定量的生豆样品，以挑出的瑕疵豆个数的比例为标准来定生豆的等级，并非是专门为了烘焙而进行手选的。

随着时间的流逝，咖啡界的人为了确保更高品质的生豆和销售高品质的烘焙豆，逐步开始小规模进行烘焙，同时也开始了手选生豆。通过手选进一步减少了不良豆的比例。众人也逐渐深信手选的效果，因此挑选不良豆的这个过程也得到大范围的推广，自然手选这个专业词也广为人知了。

手选过程

手选是挑出生豆中掺杂的会带来不好味道的咖啡豆的过程，所以经过手选之后，包含不良豆的绝对比率将大幅度下降，也同时减少了出现不好味道的比例。通常萃取一杯咖啡需要7 ~ 10g的烘焙豆，这样200g的烘焙豆大约能做出20杯的咖啡。我们假设一下200g烘焙豆中掺有10粒不良豆，同时假设每杯咖啡中只混入1粒不良豆，那么做出的咖啡含有杂味、坏味道的概率是50%。以此推论，假设经手选将不良豆全部挑出，萃取时口味变差的概率就成零了。

小规模烘焙时，应该留意一下下面几个细节。

第一，手选不会提高咖啡原有品质。

虽然手选可以萃取出更加优质的咖啡味道，但是却不能萃取出超越生豆原有品质的口感。如经过手选将生豆中掺有大量的不良豆全部挑出，就会提升生豆原有品质吗？当然不会。生豆中掺有大量的不良豆，说明原本就不是高品质的生豆，另外还意味着这些生豆在流通过程中没有彻底的管理。通过手选就算能挑出所有带有杂味、坏味的不良豆，但却不能超越咖啡生豆原有的品质。这如同拿一等级的牛肉和经过处理的三等级牛肉比较，想要优质味道的牛肉，就得选择高档的一等级的牛肉而不是三等级的牛肉，也就是说，选择高品质的原材料是很重要的。

第二，最好选购不需要手选的优质豆。

如同上述，手选做得再好，它不能提升原有品质，而是使之不会再下降。因而在购买生豆过程中，寻到优质等级的咖啡才是最优先的。购买生豆之前，最好是先亲自手选样豆之后，判断出会影响咖啡味道的要素，再购买优质口味的咖啡。另外也可以参照一下网上对生豆的评价，再寻找优质等级的咖啡也是一个很好的方法。

实际上商业性质的大规模烘焙，大多数利用异物质分离机来除掉石头等异物，还有利用色差检测器（利用色差检测出不良豆的机器，主要用于判别黑豆）挑出一眼就能判断出的黑豆和发酵豆等。因为商业性烘焙量非常大，无法一一手选。这种商业性烘焙，虽然不通过手选，但咖啡豆质量并不差。因为这些生豆也

通过手选挑出的不良豆

是事先通过抽样质量评测，进行样品烘焙以及杯测后，再选购的高品质的生豆，所以即使不经手选也能烘焙出优质的咖啡豆。这种高品质生豆，除了生豆固有的味道和香味之外，很少有其他的异味，因而不必担忧咖啡质量问题。

手选是按照300g或350g的标准来进行（350g是美国精品协会在评价质量的时候使用的标准）。手选时挑出所有的不良豆必然是好事，但是评价影响味道和不影响味道的不良豆的比例，也将成为评价咖啡品质的方法之一。因此在挑选过程中对咖啡味道不会造成很大影响的瑕疵豆就可以不用一一挑出。那么我们应该怎样挑豆才能做出更加美味的饮品呢？

①对咖啡的味道影响大，必须要挑出的东西；

②对咖啡的味道影响不是很大，要依据自己的判断决定是否挑出的东西；

③对咖啡的味道影响很小，不用挑出的东西；

④烘焙后要挑出的东西。

手选时必须要挑出的

黑豆（Black Bean）

干燥不良，采收过熟的果实，被霉菌或酵母发酵的，日晒加工中常见的已干燥过的豆子淋雨而反潮等情况很容易形成黑豆，如果混入这种黑豆，就容易流失咖啡香味，同时不好的香气也很突出。黑豆对饮品的质量影响很大，是必挑的不良豆。

异物质（Foreign Matter）

采收过程或者加工处理过程中，没有好好筛选而混入异物的情况。石头、树枝、其他谷物、干咖啡樱桃、干外皮片等都分类成异物。这些异物不仅会使咖啡的味道变差，而且对磨豆机也会造成损害，因而存在着安全隐患。干咖啡樱桃和外皮碎片在烘焙时容易烤焦会带出不好的味道，所以这些杂质必须得挑出。

杂质——石头、外皮、树枝以及其他谷物和干樱桃

发酵豆（Sour bean）

如果采收过晚或水洗加工过程中产生发酵会变成发酵豆，还有保管过程中湿气过重或者空气不流通豆子也容易发酵，会变黄色或偏红色，带有让人不悦的酸味和香气，对咖啡味道有不良影响，也是必须挑出的不良豆。

发霉豆（Fungus）

发霉豆是指保管过程中被霉菌感染而形成的，生豆淋湿或过于潮湿而产生的，还有被虫蛀后感染上霉菌或因虫子的分泌物再次感染的豆子。这种豆子不仅会产生让人不快的怪味，而且涉及卫生安全，必挑无疑。

发霉豆

虫蛀发霉豆

浮水豆（Floater）

在存储过程中，因豆子内部成分变质而白化的豆子，因其密度低而浮在水面，掺有这些坏豆的咖啡萃取出来会有青涩味、浸渍味等强烈的怪味。浮水豆在生豆中很难分辨出，但它在烘焙时，烘焙反应成分较少，烘焙出的颜色比正常豆子要浅很多，所以这种不良豆烘焙后就较容易筛选出。

未熟豆（Imature Bean）

未熟豆是指栽培过程中成长不良或还未成熟就采收的豆子，因为是在成熟之前采收的，所以内部成分还未完全形成，其香味和酸味较弱，会有青涩腥味、怪味、发酵味等杂味。固然对咖啡味道的影响也很恶劣。这种未熟豆颗粒虽小一点儿，但与正常生豆长得很相似，如不是具有丰富经验的人就很难分辨。与死豆（栽培中死掉的豆子或保管处理中变质的豆子）一样烘焙后的颜色会相对浅，所以这类不良豆在烘焙后挑出来就可以。

蜡化豆（Waxy bean）

外观看着透明且有光泽，采收过熟、过干的咖啡樱桃或已经停止生长很久的豆子会出现这种情况，还有时因发酵而显褐色。它带有发酵味还有花生腐败的臭味，显然对咖啡有很坏的影响。

死豆与蜡化豆

可挑可不挑的豆子

保管过程中受虫害的豆子

在保管过程中遭到虫害产生的豆子，主要是因为病虫害生成的，这与下面的虫蛀豆又不同，霉菌感染很少，对咖啡的影响需要依据虫害程度来判断，但一般是影响很小或不大。虽然影响不大但也明显使香味减弱，想要萃取更加优质的咖啡还是要挑出这些瑕疵豆。

虫蛀豆（Coffee Borer）

虫蛀豆（Coffee Borer）是指栽培过程中被咖啡钻虫啃食而带有虫眼的豆子。烘焙后口感会稍微差点儿，但不至于反感，所以不挑出来也不会影响咖啡豆整体的质量。但是有些虫蛀豆可能会遭到二次霉菌感染，有二次霉菌感染的豆子就得要仔细挑出，这也关系到食品卫生安全。

干枯豆

发育中水分不足而生成的豆子，这种咖啡豆只是香气和味道较弱，对咖啡的影响还不是很大，所以是否要挑出就得根据各自的判断了。

不挑出来也可以的豆子

裂豆（Broken）

在处理咖啡樱桃的过程中，机器操作不熟或者其他原因导致豆子挤裂。这种豆如要深度烘焙就很容易焦掉，如要深度烘焙，最好事先挑出来，但中度烘焙或浅度烘焙时对咖啡口感的影响不是很大，这时可以依据烘焙需求判断即可。

象豆（Elephant bean）

象豆指的是咖啡豆在生长过程中，咖啡樱桃自带的遗传性原因生成的，或者双子叶在互相黏合的状态下成型的种子。加工时破裂就会分成内核（Core）和外壳（Shell）。象豆未裂开时颗粒过大，裂开豆颗粒又太小，会有烘焙不均匀的现

象豆内核

象豆外壳

象豆

象，深度烘焙时裂开的象豆就会容易焦掉。只有在中度烘焙时，象豆起着正常豆的作用。象豆外形虽然有点儿古怪，但是对咖啡的影响几乎不存在，不挑也无妨。

挤裂豆（Bruised Bean（Crushed bean））

未干透的豆子用机器剥壳时容易生成挤裂豆。豆子的一部分被劈开，中央线也会撕裂。加工未成熟豆时也容易形成挤裂豆，这种豆香味较差，因发酵而发出刺鼻的熏味。但是印度尼西亚的曼特宁则不同，它是在含水量30%以上的状态下加工剥壳，豆子也相对柔软，所以剥壳时豆子很自然地形成挤裂现象。撕裂的中央线烘焙后就自然恢复原状。

三角形豆

三角形豆是由遗传性质而产生的。一个咖啡樱桃原本是应该生长着两粒种子，但是却长了三个或四个，而形成变形的三角形豆。这种咖啡豆可以视为豆子的特性。因外形比标准豆子的颗粒小一点儿，进行深度烘焙可能会先焦掉，但在中浅度烘焙时对品质的影响不是很大。

圆豆（Peaberry）

两颗种子中一粒种子未形成发育，只有另外一粒充分发育而形成圆豆。所以外观上像豌豆一样圆圆的，豆子的大小比普通的偏小。通常在咖啡树枝的末端或者营养供给不良之处生长。圆豆没有充分形成木质的味道，所以相对苦味少，酸味重。因其这样的特性，圆豆的印象是高品质的咖啡豆。有时也被称为“特殊的生豆”而挑出来单独销售。

烘焙后必须要挑出的豆子

即使用上述的方法手选生豆，但是总会有些不良豆或者瑕疵豆，如没有丰富的经验就很难在生豆阶段挑出。越是这样烘焙前很难挑出的不良豆，带有不好味道的可能性越高。这种生豆在生长或保管过程中，豆子的成分没有充分形成或变质的情况较多，这种豆在烘焙过程中很难充分产生该有的正常烘焙反应，另外与正常烘焙豆相比颜色较浅，一眼就能看出，所以烘焙后挑出颜色差异大的咖啡豆即可。这种瑕疵豆统称为异色豆（Quaker），例如死豆、未熟豆、变质豆或白化豆等，这些豆子用来烘焙就会影响咖啡的口感，还有劣质的香味。美国精品咖啡协会（SCAA）的定义是，烘焙后抽样100g咖啡豆中，没有异色豆时才能授予精品等级（Specialty Grade）。

烘焙后的手选

图片中要挑出焦掉的豆子，还有画黄色圈的浅豆

Part 2

烘焙

1

掌握烘焙的核心原理

生豆本身不能散发出我们知道的那种咖啡香味。生豆只有经过加热烘熟后，才能成为我们所了解的咖啡。这个加工过程叫作烘焙（Roasting）。词典上搜索Roast的意思就能看到“烤栗子，炒豆子，炒花生”等这样的说明。把铁板等工具加热后，放上果实去反复翻滚直至果实熟透，或者把果实放在铁制的桶里，摇转铁桶，使其充分受热直至果实熟透，这样的过程叫作烘焙。翻炒过程中果实颜色变深，同时散发出香气。咖啡烘焙过程也与之相似，所以常使用“炒”这样的词来表示，在韩国还使用从日本外来的“焙煎”这个词。

大量销售的商业性咖啡豆，通常选用一次性可烘焙1kg以上的大容量专业烘焙机来烘焙，其实咖啡烘焙的基本原理是加热翻炒，所以在家里用简单的工具也可以进行烘焙。看似简单的家庭式烘焙，但实际操作过的人大多都会有烘焙的“失败经验”。有些人说，把生豆放入凹陷的炒锅中用铲子仔细翻炒，但是到了某一瞬间开始就出现部分豆子焦掉或部分豆子夹生等现象，又有些人说把豆子装入熬鳀鱼汤的铁丝网上，在煤气灶上使劲摇晃，结果成了木炭等。如果仔细总结一下这些烘焙人所提的意见就知道其中的答案。不管是用铲子仔细地翻炒，还是在炉灶上使劲摇晃手网，这些整个烘焙过程的核心就是“要适当地加热，并找出把这个热量均匀地传到咖啡的方法”。也就是说，找出适当的热量稳定地供给到咖啡豆上，这就是烘焙的明确又简单的核心原理。按照这个核心原理烘焙就基本上不会失败。

生豆加热烘炒的过程中会产生物理性和化学性的变化。每一次烘焙出的味道都会有差异，而且烘焙程度的不同其味道也不同，其实感受这样的咖啡多样变化的过程，就是真正的烘焙过程。更重要的是可以亲自烘焙出自己喜欢，又适合自己口味的咖啡。体验这样烘焙变化过程，从中享受咖啡，这就是烘焙的出发点。

2

烘焙过程中
生豆的变化

烘焙是指定量的生豆上稳定地供给它所需的热量时发生的物理性、化学性变化。大体上1kg的生豆只要能稳定地获得470kJ的热量，就会发生物理性、化学性反应，从而形成我们所知的美味咖啡豆。

通常热量是通过传递、对流、辐射等进行传导，咖啡烘焙过程主要是通过其中的热传递和热对流进行热量传导。

加热生豆表面，最先受热的生豆会把热量传递给周围的生豆，这是热传递。热量传递不到的生豆，通过被热源加热的热空气的扩散来导热，使得热量均匀地传导到生豆，这就是热对流。手网、炒锅等烘培工具在热传导的过程中几乎不会产生对流，所以无法将热量均匀传递给全部的生豆。

烘焙后的咖啡豆与生豆相比，体积增大且重量变轻，这是一个物理性变化。烘焙过程中水分与豆子自身所含的一些咖啡成分会蒸发掉。烘焙豆的体积增至30%~60%，重量减轻12%~20%。

除此之外，热量还使生豆的内部发生化学性变化，这种变化决定着我们熟知的咖啡香气和味道，其中，决定咖啡味道的代表性化学反应可以说是焦糖化（Caramelized）和梅拉德反应，也叫梅纳反应（Maillard reaction）。

生豆中包含着糖分、脂质、氨基酸等成分。我们都知道砂糖经过长时间的熬制就会变成褐色，因生豆中含有糖分，所以受热之后也会产生这样的变化。就因为这样的焦糖化反应，使得咖啡的香气和味道受到很大影响。另外，烤面包时就能发现，面包外皮会逐渐变成褐色，散发出香喷喷的香气，同时形成面包特有的味道，咖啡也是如此，生豆内部的糖分和氨基酸在受热过程中相结合使其变成褐色并散发出香味，这就是梅纳反应。只有充分发生烘焙反应的生豆，才是烘焙适中的咖啡。

那么烘多长时间，烘焙到什么程度，才能认为是好的烘焙呢？考虑各种烘焙环境，烘焙时间不要超越30分钟，烘焙温度不能超过250℃ 。烘焙时间如果超过30分钟香味就会大量流失，那时就很难制作出香味独特的咖啡。另外，生豆基本上与木头的性质相似，而且木头的燃点是250℃，所以咖啡温度超过木头的燃点250℃就会烧焦。烘焙好的咖啡豆需要快速冷却，因为其有很高的余热，下豆之后不及时冷却，余热就会使烘焙反应持续进行。大部分商用烘焙机都会配置能使咖啡快速冷却的冷却机。在家进行烘焙时使用扇子或吹风机快速冷却即可。

3

解析烘焙过程

在这里我们就以商用烘焙机来解析烘焙的过程。烘焙过程分为均质化→第一爆→休止期→第二爆→第二爆后等阶段。

均质化

——热量传导至生豆内外部，为使生豆能够均匀地进行烘焙反应而做的准备过程。

如同下页图，每个生豆是由不计其数的细胞组成的。细胞是由细胞壁和细胞膜，还有填满内部的细胞液和细胞核组成的。采收的生豆为了方便存储和流通都要干燥化处理，在这个干燥的过程中，细胞液和细胞壁中含有的水分会蒸发掉，从而内部只剩10%～14%的水分。随着水分的蒸发，细胞大小也随之缩小，使得生豆的体积也变小。但细胞内原本含有的氨基酸和糖分等成分仍然完整地存在。

将干燥过的生豆进行加热，生豆之间通过热量的传导，引起烘焙反应。最先在生豆内部的水分受热后变成水蒸气。水分逐渐变成水蒸气的过程中体积会增大，使得受热的生豆内部的压力逐步增高（水变成水蒸气的过程中体积增至1700倍）。

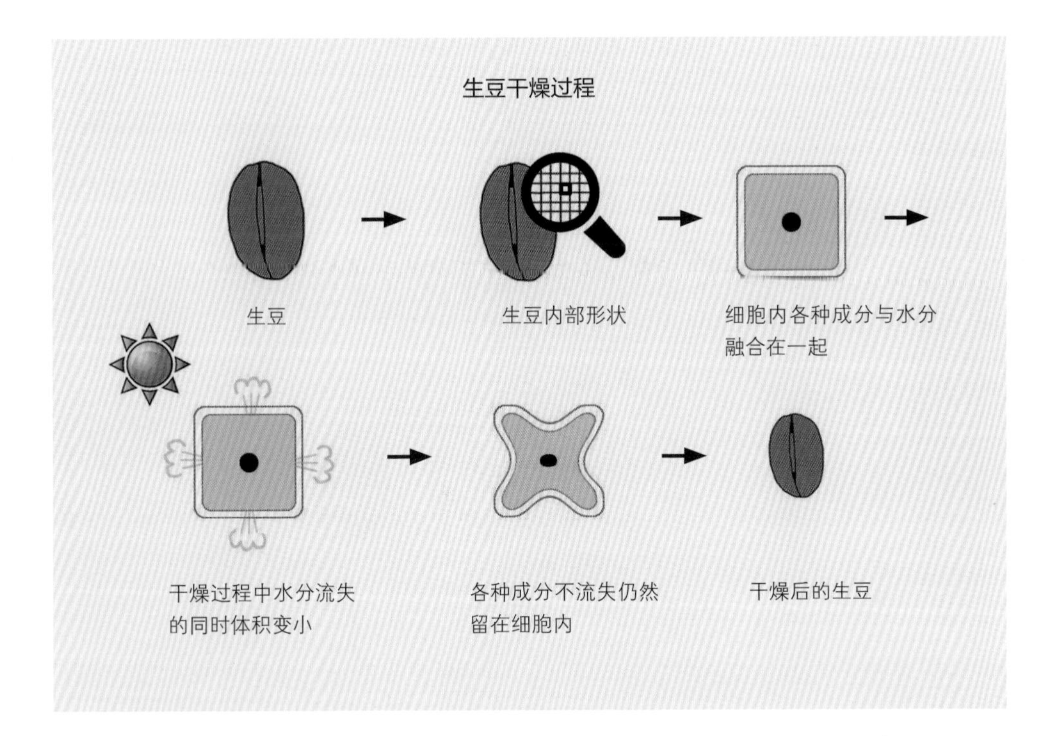

这样咖啡豆内部形成很高的压力，使得内部水分的沸点上升，因而豆子内部形成过热的水蒸气。沸点的上升用压力锅的原理解释就很容易理解。在山顶上做饭就会半生不熟，这主要是因为海拔越高气压会越低，其沸点也随之降低。这时如果锅盖上面放上石头让内部压力增高，强迫使沸点上升就可以做熟。压力电饭锅就是依据这种原理制造的。1Pa的压力下，压力电饭锅内部的蒸汽沸点大约是125℃，豆子细胞内部也会出现这种现象。

因豆子细胞内部压力的增高，干燥时缩小的细胞体积也随着增大，而且其细胞组织是与木头性质相似，因而细胞内部体积增至一定程度时，瞬间承受不住内部压力而破裂开来，这时细胞内部形成的高压水蒸气就会被排出，一部分是往表面排出，一部分是往细胞组织之间移动。通过这种过程，使温度和压力相同的水蒸气在豆子内部的细胞之间均匀地布满。这种现象在生豆堆整体上要同时发生。

通常生豆都是颗粒大小不同的豆子共存，而且一粒豆子中有厚的部位、也有薄的部位，以及干燥的生豆表面和相对水分多的内部组织是共存的。不考虑到这些要点而盲目地加热就会造成小粒豆子先焦、大粒豆子则未熟，或是豆子表面烧

烘焙时的反应

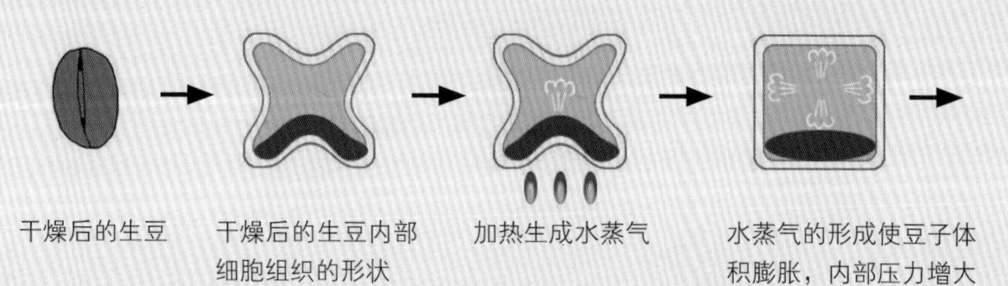

均质化过程中豆子变化

焦内部却未熟的情况，所以要使豆子整体上均匀地发生烘焙反应要做好前提准备才行。

水分在豆子内部的细胞组织之间移动，使细胞组织整体形成均匀的反应准备。豆子外部是通过豆子之间的热传递与回旋的热对流过程，生豆整体上才会做好均匀的烘焙反应准备。这样的准备过程叫作均质化过程。

均质化过程中豆子逐渐变成褐色，这时豆子外表看似很干，我们习惯性地把这种现象称之为水分蒸发的过程，也叫脱水。但实际上在这个过程中，豆子外表水分的蒸发与细胞组织整体产生变化而引起的第一爆时排出的水分相比是微不足道的，所以把均质化过程中流失的水分称为水分蒸发过程（脱水）的话似乎有点儿不恰当。

第一爆

——细胞组织膨胀而引起爆裂，同时风味也突增。

均质化过程的结束意味着豆子已做好烘焙反应的准备。每个细胞与生豆时的状态相比体积变大，细胞组织变厚。如果持续加热，体积会继续膨胀，直至豆子无法承受时，如同下页图片，豆子的中央线开始裂开。生豆状态时中央线是紧密卷合在一起的，随着烘焙体积增大，中央线也开始撑开，直至豆子撑不住内部压力而末端开始裂开，那时发出像树枝碎裂的声音，这个爆裂声叫作第一爆（Crack）。第一爆时，豆子细胞组织在膨胀的同时，内部的水分就开始大量地往表面排出。

到此的烘焙过程可分为肉桂烘焙—高度烘焙—城市烘焙（Cinnamon Roast-High Roast-City Roast）这几个阶段，第一爆开始的阶段叫作肉桂烘焙（也叫浅度烘焙），第一爆快要结束的阶段叫作高度烘焙，第一爆结束后到第二爆开始之前叫作城市烘焙（属于中度烘焙）。

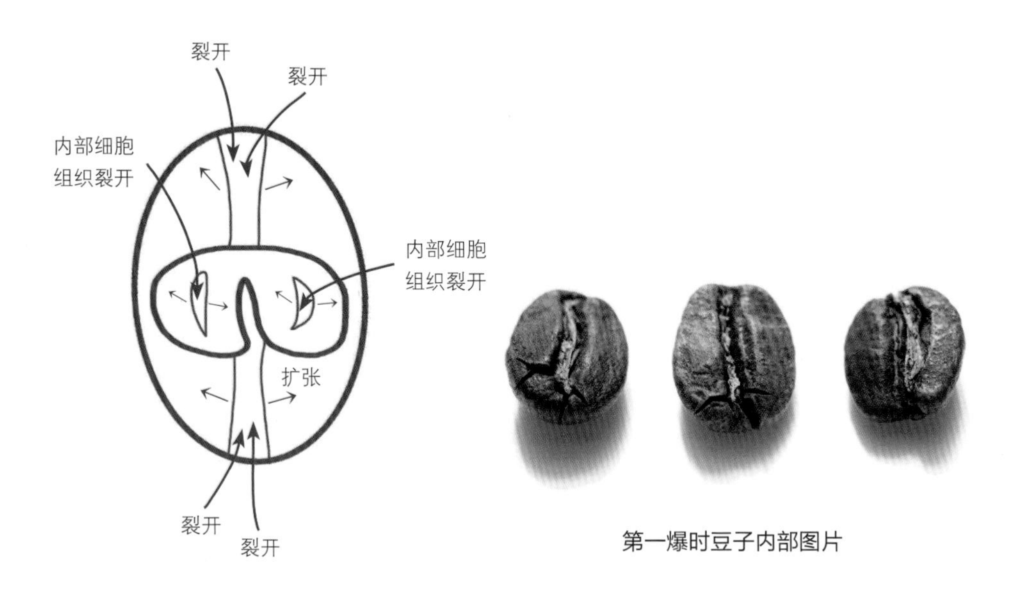

第一爆时豆子内部图片

进行第一爆时豆子的变化

休止期

——豆子内部产生强烈的化学反应，决定着咖啡的味道。

从第一爆结束到第二爆开始之前的这段时间叫作休止期。

第一爆时随着水分的排出，豆子内部细胞组织受到的压力减小，暂时延缓了细胞组织体积的增大。这个阶段因豆子内部水分已经处于大量流失的状态，此时供给的热量不再为细胞组织内部水蒸气的形成而被消耗掉，而是集中消耗在豆子内部温度的上升。所以与一爆之前的温度上升速度相比，休止期的豆子内部温度上升速度相对较快。

在这种急速升温的状态下，会产生更加激烈的化学反应。此时将集中生成气体的同时，细胞组织在持续膨胀。第一爆时破坏的细胞组织，随着体积的膨胀也被填补。从外部来看，豆子表面的皱褶渐渐消失，咖啡体积也变得更大。

此时各豆子间传导的热量都很高，也因此豆子内部的化学反应达到最高峰。休止期是烘焙过程中提升咖啡风味的关键阶段，可以说是决定咖啡味道的重要时期。

常说休止期之前的那个阶段叫作吸热期，从休止期开始就叫作发热期。但是实际上豆子本身是不会发热的，只是与前一阶段相比温度上升的速度很快而不是发热，应该说大多数人是图方便称之为发热期。休止期间烘焙反应如果过快就容易烧焦或者容易形成反感的杂味，所以这个阶段最好是减弱火力。

第二爆

——细胞组织再次破裂，产生了强烈的化学反应，咖啡的香味和苦味加重。

休止期结束后，内部细胞组织充分地膨胀，同时第一爆时裂开的细胞组织被填补，随之咖啡豆体积也变大。此时再一次能听到细胞组织变化的声音，这就是第二次爆裂（也叫二爆）会发出像折断火柴棍的声音，比起第一爆的声音更清脆响亮。

此时的细胞组织内因气体产生的压力已达到最高点，豆子组织内部气体撑不

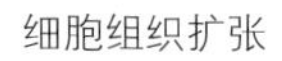

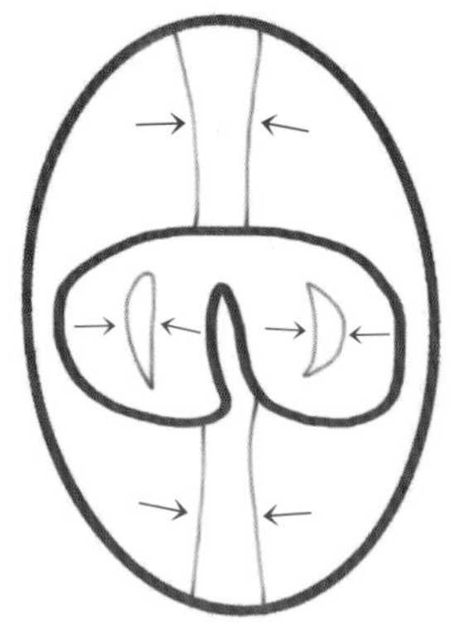

第二爆后的豆子内部构造

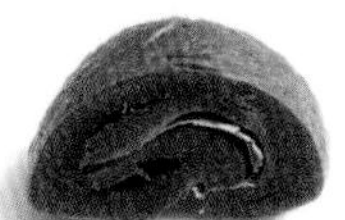

第二爆后的豆子内部构造

第一爆后

第二爆前休止期

第二爆后

意式浓缩

法式烘焙

意式烘焙

住压力逐步开始往外排出。在排出这些气体的过程中形成的毛细管将对之后的咖啡萃取有直接的关联。因此第二爆的产生，直接关系着咖啡豆的萃取率。只进行到第一爆的咖啡豆，生成的毛细管相对较少，所以萃取不是很充分。

从第二爆发生时开始，由于豆子温度急剧上升，咖啡豆内部会产生更强烈的化学反应，这使咖啡的香味更加浓郁。同时烘焙中生成的咖啡成分中苦味突出，因此第二爆后的咖啡豆苦味很重。

以第二爆为基准，烘焙阶段划分为第二爆之前叫城市烘焙（City Roast），之后的叫深城市烘焙（Full city Roast）这两个阶段 。深城市烘焙阶段之后更加深度烘焙时，称为意式浓缩（Espresso）；第二爆密集期称为法式烘焙（French Roast）：第二爆结束的同时咖啡豆表面充分溢出油脂的时期为意式烘焙（Italian Roast）：第二爆结束后咖啡豆颜色变得更深，油脂慢慢地开始烧焦的时期。

与木头性质相似的生豆进行加热烘烤的过程就是烘焙，树木的燃点是250℃，生豆烘焙至树木燃点就会烧焦而变成木炭。因此深度烘焙是指咖啡豆的温度达到250℃之前的阶段。如果烘焙后的最终产物不是赤褐色而是完全变成黑色，那就是已经烘焙成木炭了。

①生豆 ②肉桂烘焙 ③高度烘焙 ④城市烘焙 ⑤深城市烘焙 ⑥法式烘焙 ⑦意式烘焙

4

烘焙的核心是调节火力

烘焙最关键就是火力的调节，根据热量的多少，如何供给等条件的不同，烘焙出的结果也不同。就因为如此，火力的调节，如同蒙上一层面纱一样，只有经验丰富的烘焙师们才可以做到，甚至有些烘焙师们把火力调节的技巧当作秘诀收藏，还有些烘焙师们因为无法说明其原因而不能传授给别人。

那么基于我们所知道的有限的事实为背景，推论一下到底应该如何加热，如何调节火力。

有数据证明，烘焙1kg生豆时，所需要的热量大约是470kJ，这个数据只有在实验室可以测出，一般的烘焙条件是无法测定的。如要反映这个数据，我们只能设置特定条件，才能比较烘焙反应的变化，以此理论可以逆溯推论。

设定标准火力过程（1）

——首先计算至第二爆开始的所需热量。

大多数认为好的烘焙，意味着第二爆已经生成。生成第二爆的咖啡，香味已经形成，并且咖啡细胞组织内的毛细管也已经充分扩张，这也意味着咖啡豆已做好充分萃取的准备。基于这个理论，我们将所希望的烘焙反应点特定为第二爆开始。

我们将以供给的热量大小，分强热、中热、低热等3次进行烘焙至我们所特定的烘焙反应点，即第二爆开始前。在这里再设定的条件是每一次烘焙，从开始到结束不调节火力。下图中纵轴为热量大小，横轴为时间，横轴与纵轴相乘就可以得出第二爆生成所需的热量的大小。

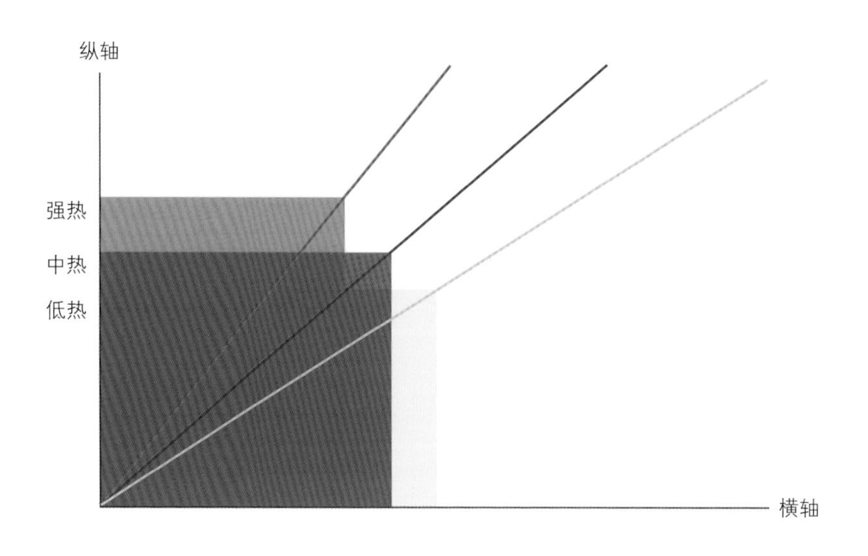

依据火力变化的热量大小

图中可以分析，到特定烘焙反应点的（第二爆开始点）过程中，如果被供给的热量大，它的烘焙时间就变短（红色线经过的四边形面积）。相反，被供给热量小，它的烘焙时间就变长（黄色线经过的四边形面积）。

根据火力的调节，豆子的温度也会随之发生变化，把这个变化过程做成图叫作烘焙曲线趋向图，简称烘焙曲线图（Roasting Profile）。

设定标准火力过程（2）

——第一爆持续时间与休止期时间相同，意味着供给了理想的热量。

从上页图中可以看出，随着供给热量的变化，其烘焙时间也会变化。但是烘焙时间与热量的大小是否适度我们却无从得知。所以我们得找出一个标准火力来判断热量的大小是否适度。

通常把第一爆持续时间与休止期持续时间相同时的火力理解成标准火力。通过基准火力可以观察，第一爆中产生的物理变化到第二爆开始之前的化学反应是否协调生成，还可以视为获取稳定又理想的烘焙曲线图的基准。

第一爆的持续段是，因水蒸气，豆子内部的压力上升，细胞组织开始变化而引起物理性变化的时间段。所以此时间段供给的热量不管大小，第一爆的持续时间段是几乎相同的。因为第一爆在豆子内部的水分变成水蒸气的过程中生成的，在这个过程中，水分往外排出之后不会再补给。

相反，休止期会随着供给的热量大小而容易发生变化。这时豆子内部存有的水分已经都处于流失状态，所以在这时间段供给的热量，不再被水蒸气的形成而消耗掉。此时，即使供给很小的热量，豆子内部的温度也急速上升。休止期是依据热量供给的大小，因化学反应形成的气体量会有变化。也就是说，热量供给多则气体生成快，热量供给少则气体生成慢。

以此推论，如果休止期的时间段比第一爆持续的时间短，那么就可以判断出供给的热量比生豆所需的热量大。相反，如果休止期持续时间段比第一爆持续的时间长，则可以判断出其供给的热量比生豆所需的要少。

第一爆持续的时间段与休止期时间段相同的情况

则可以判断为供给了理想的烘焙热量。味道和香气谐调，豆子体积变化适中，涩味和刺辣味少。

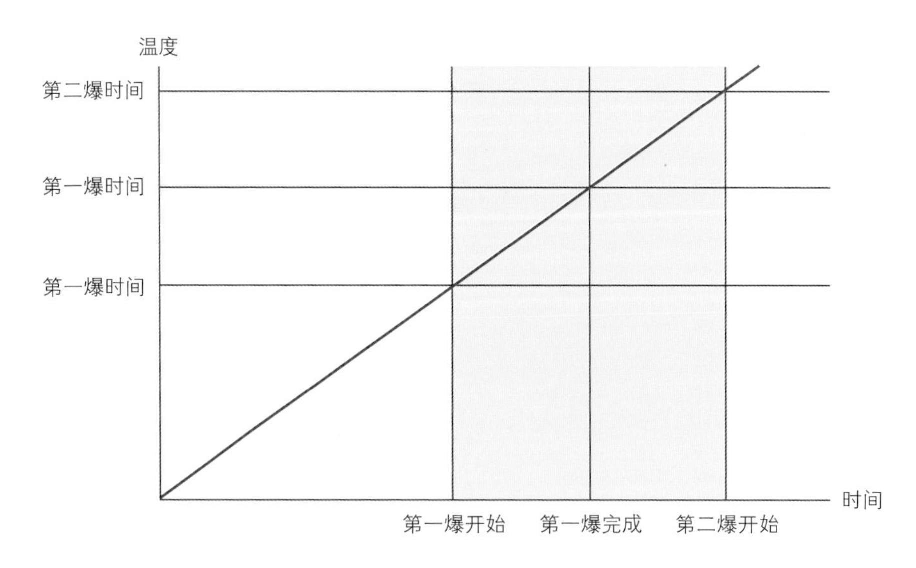

第一爆持续时间段和休止期的时间段相同的曲线图

休止期比第一爆持续时间短，或者第一爆和第二爆同时发生

这可以判断为火力比烘焙所需的热量更大。这种情况香气优越、个性突出，但是苦味重，还带有刺辣味，这种情况，豆子的皱褶还未完全展开，体积也没有充分膨胀。

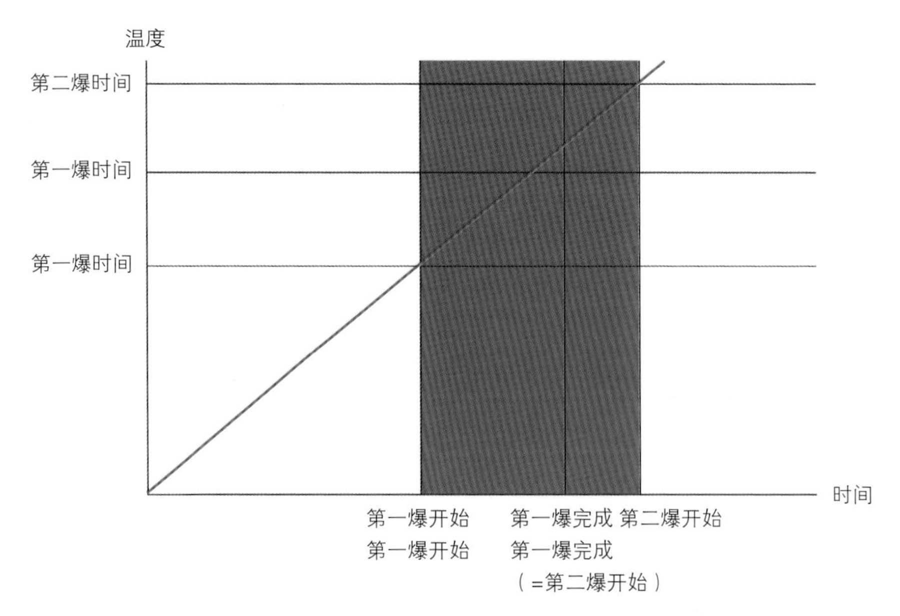

休止期比第一爆持续时间短或第一爆和第二爆同时发生时的曲线图

休止期比第一爆持续时间段长的情况

这种情况判断为火力比烘焙所需的热量小。质感，甜度，纯香度变优越。因咖啡豆体积大，从而其商品性也提高。但是香气可能会变弱，味道的强度也可能会随之减弱。

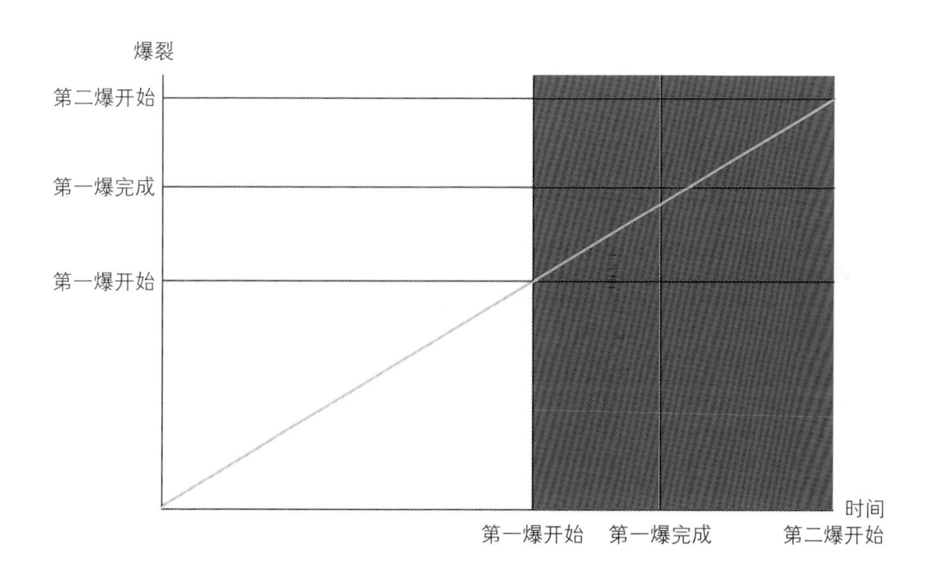

休止期比第一爆持续时间段长时的曲线图

在这里经过反复的测试，获取的理想的烘焙曲线图，将成为烘焙的标准。那么除此之外的曲线图难道就有问题吗？产生这样的疑问也很正常。其实所有的烘焙曲线图都会带有各自的特征，所以在以后的专业性烘焙过程中，完全可以灵活运用。

举例来说，休止期短或没有休止期直接进入第二爆烘焙阶段的快速曲线图，其苦味重，而且咖啡固有的香气也很浓郁，因此可以灵活地应用于浓缩咖啡制作的饮品上。也就是添加砂糖或牛奶、冰淇淋、各种香味糖浆的咖啡，通常因添加物，咖啡味道变柔和，其固有的香味会随之变弱。这种饮料放入口感强烈的咖啡，其平衡感变得优越，从而得到更优质的咖啡饮品。

休止期长的情况，较适用于单品手冲咖啡和滴滤式咖啡。这种咖啡相对个性不突出，但可以提升其甜度与香气，因而更加好喝。

测量烘焙标准热量的要领

如果一直使用相同的烘焙机，大多数豆子的第一爆和第二爆的起爆温度点几乎是相同的。因烘焙过程中很难准确地测定每一粒豆子的温度，所以测定起爆温度，大部分是指烘焙中豆子堆的温度。根据烘焙机的构造与温度测定点的不同，其起爆温度点稍微有差异。也就是说，如果不是同款烘焙机，就很难绝对性地断定多少摄氏度是起爆温度点。一般相同的烘焙机，豆子的第一爆和第二爆的起爆温度点是几乎相同的，所以尽量把起爆温度点记录下来。想要估测烘焙所需热量时，第一，每次要准备相同的生豆量。第二，每次烘焙不调节火力，用统一的热量来进行烘焙。第三，比较一下第一爆持续时间和休止期的时间，以便判断一下是否提供了适当的烘焙热量。

5

利用标准火力掌握烘焙要点

从现在开始利用标准火力来设定一下所希望的烘焙点。

标准火力是掌握烘焙机所需热量的前期作业。即使是利用标准火力来进行烘焙，也不一定是很理想的烘焙结果。根据烘焙机的情况，先掌握豆子所需的热量大小，再根据这个热量大小适当均匀地分配热量，才能更加接近理想的烘焙。

先测定第一爆持续时间段和休止期时间段，找出两个时间段一致时的热量大小，将其设定为标准火力的话，我们已经获悉了豆子所需的热量。就按照这个标准火力进行烘焙，其实也没有任何问题，但是想要获取个人喜好或个性的烘焙结果，就得依据我们所知道的标准火力来调整烘焙火力。

获取一般性豆子的烘焙曲线图

均质化——根据豆子变黄的程度来判断均质化结束点。

均质化时间与烘焙后咖啡的酸味和质感有着关联。

在均质化阶段，内部细胞组织为均匀的烘焙反应要做好准备，如烘焙机不理想或容量小，就不能给豆子整体上供给均匀而稳定的热量。这样烘焙出来的颜色

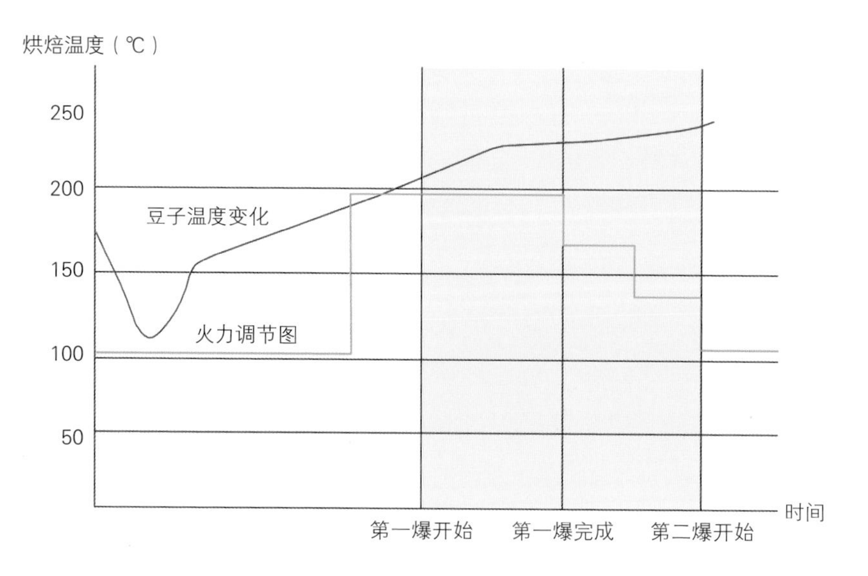

一般性豆子的烘焙曲线图示例1

会不均匀，豆子带有斑驳。为使豆子之间能够慢而均匀地传导热量，要调小火力供给热量。

均质化过程到了某种程度，豆子会逐渐变黄色。这时的烘焙反应，即焦糖化和梅纳反应就会开始进行。颜色的变化意味着均质化即将结束，正式进入烘焙反应阶段。

根据豆子变黄程度可判断均质化是否结束，其后，为使豆子进入真正的烘焙反应而需要调高火力。根据视觉判断的均质化结束点的不同，咖啡味道有微妙的差异。均质化结束时，豆子颜色越接近浅黄色，其香味和酸味会越好，但其质感相对弱，越接近褐色，质感和醇厚感会更加优越，但其香气和酸味会不足。通常均质化时间最好不要超过整体烘焙时间的一半。

第一次火力调节——利用在均质化阶段中未使用的热量（加热）。

均质化结束的豆子正处于进入烘焙反应的最佳状态。在均质化阶段，为均匀的烘焙反应而用小火加热。要使豆子整体进入正常的烘焙反应就需要供给所需的热量，在均质化阶段，与标准火力相比用偏小的火力来加热，所以在此阶段不足的热量在均质化结束到第一爆之前被补充供给。

看下图就很容易知道，在均质化阶段未用完的热量在后期得到利用。

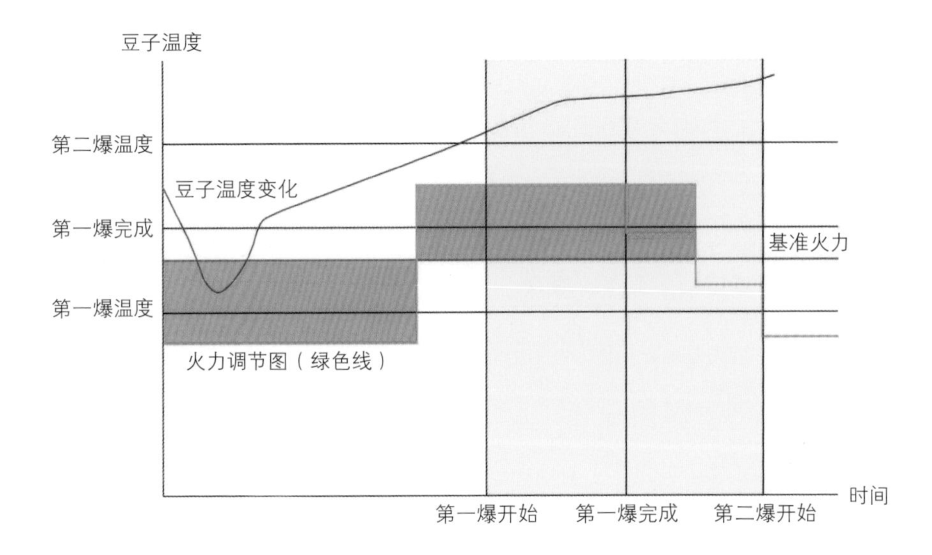

一般性豆子的烘焙曲线图示例2
（火力的分配，图上的四边形热量面积相同）

第二次火力调节——第一爆后以减小火力来减缓剧烈的烘焙反应。

第一爆结束之后豆子内部的大部分水分已往外排出，慢慢地从吸热反应转向发热反应。这时如果继续用大的火力加热，豆子的内部温度急剧上升，使休止期异常缩短，就会出现不理想的苦味。为了避免这种情况，通过第二次火力的调节来控制剧烈的烘焙反应。

降低火力时不能一下子突然降低，而是要慢慢地且有层次性地减小。突然降低火力，豆子内部组织将变冷收缩。这种情况豆子会吸收周围的烟味或者无法排出内部的烟味，使得豆子会产生焦味、烟味等不好的杂味。

掌握硬豆的烘焙曲线

均质化——用相对较强的火力进行均质化。

硬豆的细胞壁非常坚硬，若使用常用的小火进行均质化，豆子内部的压力就不能充分形成，水蒸气无法在豆子内部的细胞组织之间移动。因此豆子内部和外部很难均匀地烘焙。

这样水分就不能充分地往外排出而会存留在细胞内。这些存留的水分在第二爆时，细胞组织变虚弱的瞬间，从薄弱之处冲破而出。这时残留水分排出之处的豆子表皮，如同脱痂一样有圆圆的脱落痕迹，这种情况就带有刺辣味和青涩味。

因此硬豆需要用相对较强的火力来进行均质化。也就是让豆子内部的水分快速加热使之生成高压。如生成的高压协助水分在细胞组织之间顺畅地流动，就能更加圆满地形成均质化。

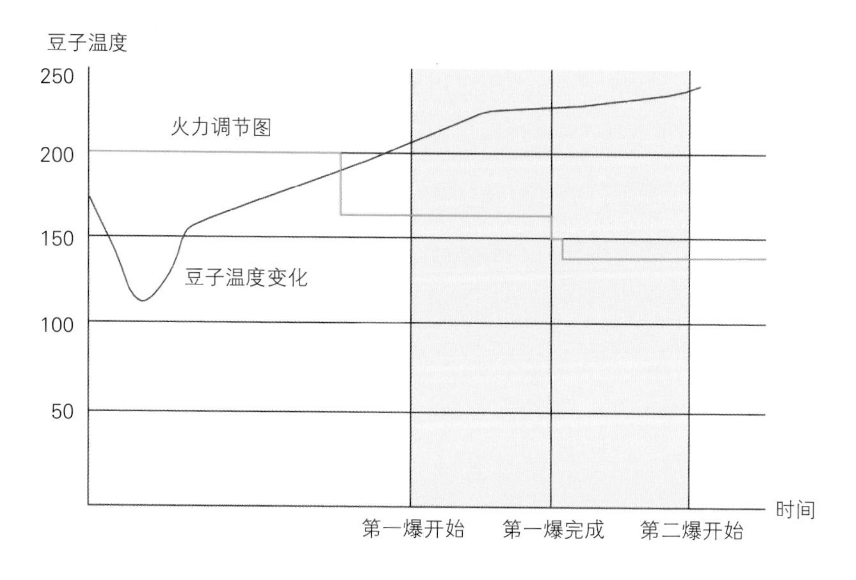

硬豆的烘焙曲线图示例1

火力调节——第一爆开始前调小火力。

均质化结束后，在第一爆开始之前需要降低火力，这是为了防止第一爆和之后的反应过于激烈而进行热量的调节。

依图所见，若在均质化过程中使用大的火力，那么均质化结束后就要降低火力来调整整体所需热量的大小，这样就充分供给了第一爆所需热量。

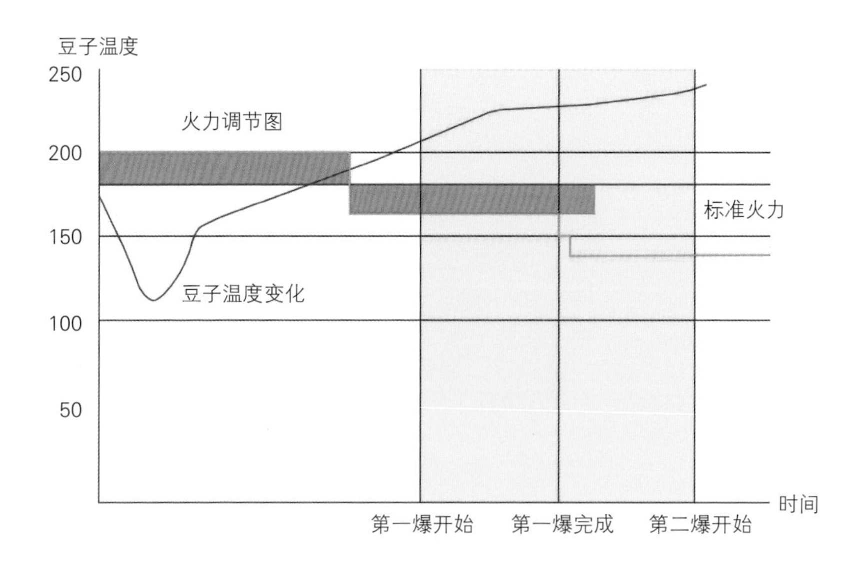

硬豆的烘焙曲线图示例2

[两个长方形部分的面积（热量）相同]

烘焙曲线和火力调节的差异

想要获得更理想的烘焙结果而调节的热量，叫作火力调节，英语叫作Lamping。火力调节依据烘焙人的想法和豆子的状态可以自由操作。只要在烘焙豆子所需的热量之内调节火力即可。

相反，烘焙曲线是指豆子温度变化过程的曲线图，不如火力调节那么自由。烘焙曲线图主要是表示豆子的烘焙反应过程，所以豆子回温之后温度曲线要一直处于上升趋势，并且曲线上升速度的不同，其味道也有差别。

烘焙曲线图中最重要的就是曲线要呈现持续上升的趋势，烘焙中其曲线不能有突降点。温度在中途突降就意味着供给的热量比烘焙所需的热量少，而豆子的烘焙反应在进行途中暂时被停止。豆子在烘焙过程中的收缩，是涩味和刺辣味，以及吸收烟气而带有的烟味和焦味的原因。

辨别烘焙好与坏的方法

生豆供给的热量不稳定，烘焙机滚筒内的豆子搅拌不均匀时出现的几个问题。 咖啡豆整体颜色不均匀，带有斑点，豆子末端变黑，豆子带有脱痂的痕迹等，都是不理想的烘焙。萃取这种咖啡豆，容易带有刺辣味及青涩味，另外还有吸收烟气的烟味。

焦斑豆（Scorching）

烘焙时供给热量过多或豆子搅拌不均会出现颜色斑驳、焦掉的现象。

焦头豆（Tipping）

供给的热量过多，胚芽部分先焦掉而咖啡豆末端变黑。

陨石坑（Chipping）

生豆没有完全干燥或均质化过程不充分，使得水分瞬间排出时掉出一块碎屑或者生豆本身带有质量问题时会发生掉碎屑的现象，看起来貌似脱痂的圆圆的碎片。

6

烘焙机的构造和种类

烘焙机各部位名称与作用

1. 生豆盛豆器（漏斗）：生豆投入滚筒的入口。

2. 电源：启动烘焙机的滚筒与排气装置。

3. 燃烧器（Burner）：生豆与滚筒的加热装置。

4. 冷却机：冷却咖啡豆的装置。

5. 下豆轴：排出烘焙豆的配置轴。

6. 冷却/运行把手：运行冷却机的把手。

7. 透视窗（Peep Hole）：确认豆子烘焙状态的镜口。

8. 采样勺（Sample Spoon）：对正在进行烘焙的豆子抽取样品进行确认的铲子形器具。

9. 电子仪表：显示烘焙中豆子温度、热风温度、时间等的显示装置。

烘焙机根据热量的传递和对流方式可分为直火式、半热风式、热风式。

7
9
6
1
7
8
5
3
2
4

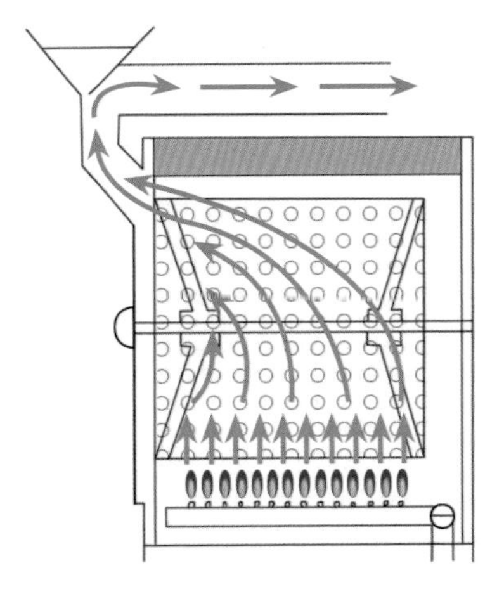
直火式烘焙机的侧面图

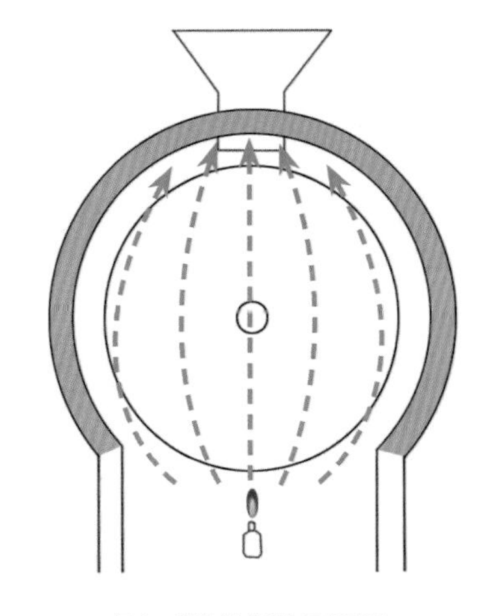
直火式烘焙机的正面图

直火式（Conduction）

是直接给生豆进行加热的方式。滚筒内部由冲孔网制作，以便将热源的热量直接传递到生豆，还为调节热量，配置了排气阀（Damper）（打开可以调节湿气和热气）。是20世纪90年代初盛行的方式，因生豆会直接接触到火力，很容易烧焦。排气阀的操作也比较烦琐，因此烘焙出的结果每次都难以一致。因这种原因现在都较少使用。

与之相反， 通过调节排气阀可以精确地操控味道，能制作出个性突出的咖啡，这也是直火式烘焙机的优点。

半热风式（Thermal transfer）

1910年以后占据了烘焙机的主流位置。目前大多数都在生产半热风式烘焙机，也是烘焙师们最常选择的烘焙方式。

与直火式不同，滚筒是用厚厚的铁板制造的，所以即使火力大也不会容易烧焦。还有，加热滚筒时的热量与经过热源的热量被排出的同时，这些热量还会再次传递到豆子，从而使烘焙获得稳定的热量，随之烘焙结果也很理想。

烘焙机构造上，除掉了调节热风排气量的排气阀，烘焙操作相对变得简单，

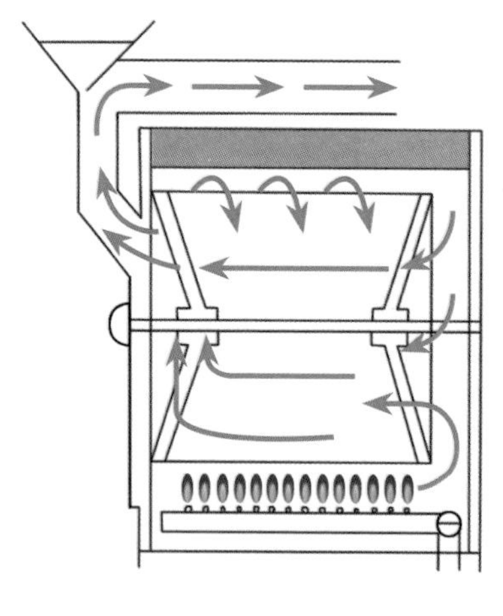

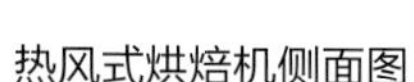
热风式烘焙机侧面图

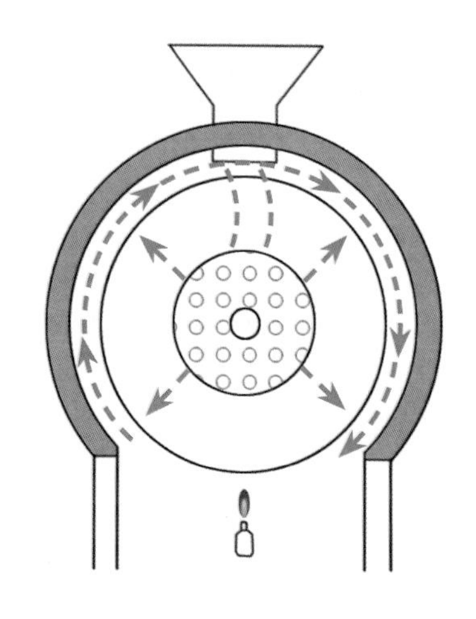

热风式烘焙机正面图

而且其烘焙结果物的再现性较不错，因而成为现代烘焙机的标准方式。但是与直火式相比，半热风式烘焙机烘焙出来的咖啡个性不突出，因此烘焙师们开始逐步注重选择高品质的生豆来体现优质的味道。

热风式（Convection）

热风式并不是加热滚筒使滚筒内部热量直接传递到生豆的方式。热风式不需要加热滚筒，是直接将热风吹入豆子堆中，或者将豆子放入热风循环的地方使豆子均匀受热的方式。

热量可以均匀地传递到豆子整体上，使之在很短的时间内进行烘焙。热风式的特点是均匀地进行烘焙，其结果也非常理想。但是商用热风式烘焙机由于价格过高到现在为止还未被广泛使用。反而家庭用热风式烘焙机因为使用简单而受青睐，也容易在市场中购买到。

7

多种烘焙方法

即使没有专业的烘焙机，也可以在家轻松进行烘焙。虽然不及商用烘焙机那般品质均匀，味道调节也相对不容易，但通过家庭烘焙可以观察到烘焙的全部过程，也可以品尝到亲自烘焙出的咖啡。还有，按照烘焙要领还可以制作出味道独特的咖啡。简单的家庭式烘焙最常用的道具是手网，还有小型滚筒式烘焙机、家庭用热风式烘焙机等。

手网烘焙

手网烘焙是家庭式烘焙的人常选择的方法。既省钱又不费力就可以轻松地进行烘焙，而且只要烘焙好就可以得到不错的咖啡。可以买烘焙专用的手网，也可以把带有手把的两个筛子相对固定起来当手网使用。这种道具相对来说价格低廉，又可以直观地进行火力调节，还可以亲眼确认豆子变化的整个过程，这对熟悉烘焙过程很实用。

但是在热源上面摇晃的过程中，手网从火焰的位置中容易脱离开来，而且火焰容易受到周围空气流动的影响，因而不容易供给稳定的热量，使得豆子很难充分膨胀，味道容易带有涩味和刺辣味。手网烘焙无法稳定而均匀地供给热量，所

以想烘焙出理想的咖啡，在某种程度上会有难度，另外手网烘焙大部分是按照每个烘焙人的感觉而进行的，因此每次烘焙出的结果都很难一致。

尽管有这样的限制，但只要掌握好烘焙过程中可能出现的那几个变数就可以得到更优质的咖啡。手网烘焙时，生豆的状态和数量、时间、火力大小和手网的高度将成为很重要的变数。如果每次烘焙时这些条件都不同，那么每次的烘焙结果也就不同，所以尽量努力减少这种变数，直到得出相似的烘焙结果。

首先根据手网的大小准备适量的生豆。生豆的水分含量与大小是已经形成的生豆因素，也是个人无法改变的因素，因此要体现生豆固有特性就可以。

烘焙时间根据生豆的状态来进行调节，初期烘焙要事先设定好均质化至第一爆、第二爆形成为止的时间，之后只要调节下豆的时间就可以。若要按照设定好的时间段来练习烘焙，就会慢慢地熟悉调节火力的感觉，所以初期烘焙，最好先设定好时间，然后在其时间内进行烘焙为好。

手网烘焙时火力调节是最有难度的部分。有两种方法可以进行火力调节，一是离火焰的高度，二是火焰的大小，这两者的烘焙结果物也大有差异。所以最好是先固定其中一个条件之后，一贯性的烘焙才能比较其结果。例如，若只是调节高度，那么离火焰大约40cm之处，进行均质花大约10分钟，然后在离火焰20cm之处再加热5分钟左右，像这样每次都用一样的方式来记录烘焙过程，那么相对较容易制作出味道一致的咖啡。

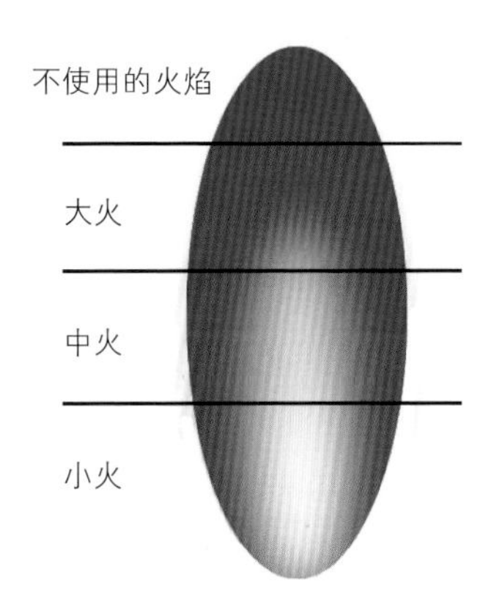

在家庭中进行烘焙时，都会遇到银皮屑飞出的情况，所以为打扫方便，人们喜欢选用便携式的燃烧器。但是便携式燃烧器，因其燃料桶容量小，若烘焙时间长，中途偶尔会发生燃气量不足的现象，使得火焰变小，无法稳定加热。因此需要仔细观察火焰大小，必要时调整火焰大小。

先仔细观察一下上面的火焰图。图上最大的火力，尽可能不要使用为好。使用LPG或LNG燃气者来说不会有太大问题，但便携式燃烧器就不同，烘焙途中随着燃料桶的冷却，桶的内部压力下降，就会产生最大的火焰缩小的情况。所以，如果将火焰分4等的话，3/4的点可设定为最大火力，1/4的点设为最小火力。这样设定的话，即使烘焙途中气压减小，也不会对事先定好的最大火力产生很大的影响。用这种方式调节火力大小，依据自己的风格调节火力进行烘焙就可以。

滚筒式烘焙

滚筒式和炒锅是比较传统的烘焙方式。滚筒式是将滚筒固定在热源上，再把豆子放进筒里进行加热，使得豆子可以稳定均匀地受热。所以滚筒式烘焙其结果物也相对稳定，想得到一致的烘焙结果也较容易。为进一步保存热量，在滚筒式烘焙机上还专门制作了盖子，又为了使筒内生成的烟气排放到外面，还安装了电机，就这样慢慢地开始开发现代式烘焙机。至今为止，可以说常用的烘焙机都源自于这种滚筒式。

大多数滚筒式是使用冲孔形的筒制造的，所以大体不会受到烘焙中排出的水分或烟气的影响，但有些是非冲孔制作的筒，这种情况为了排气顺畅，将滚筒倾斜地放置，使排气孔相对处于高处。这样烘焙时的烟气和水分能够自然地流出，不会出现异味。

滚筒式的操作是转动固定在热源上的筒，因此主要是以调节火力来调整传递热量的方式。烘焙时，转动滚筒的速度控制在每分钟30 ~ 50次以内为好。因为转得太慢豆子会焦掉，转得太快豆子很难均匀受热。

整体烘焙时间定为10 ~ 20分钟以内，烘焙之后先品尝一下其结果物，以它为基准，觉得味道需要更浓，个性更突出，就相对快速度地进行烘焙，如果想要味道更柔和更有质感，在15 ~ 20分钟以内调节火力进行烘焙即可。

家庭用热风式烘焙机

家庭用热风式是随着家庭烘焙人的增多逐渐被普及的烘焙机。因其操作方便又可以干净利落地进行烘焙，加上其烘焙结果也令人满意，因此受到很多人的青睐。但是家庭用热风式烘焙机远远达不到商用的大型烘焙机热量，所以烘焙时间相对较长。因此烘焙出来的咖啡个性不突出，咖啡风味相对平淡而苦涩。但是与手网和滚筒式相比，这个烘焙出的咖啡更优质，而且每一次烘焙都能很容易地得到一致的烘焙结果。

大部分家庭用热风式烘焙机都是使用电源，因此烘焙机的最高温度是已经设定好的。这种烘焙机先把温度或热量固定好之后再调节时间来进行烘焙即可。这种烘焙方式与火力调节方式是有所不同的。

设定温度时，首先把定量的生豆投入烘焙机，先设定好特定烘焙温度后，再测定第一爆维持时间和休止期来决定自己想要的风味。如果想要得到更优质的烘焙结果，只需要放慢均质化的时间即可。均质化之后的烘焙过程决定着咖啡的风格，所以这个过程先不用考虑，优先考虑一下均质化过程的时间。把整体烘焙的1/3 ~ 1/2的时间设为均质化时间来进行烘焙就可以。

那么以什么温度来进行均质化好呢？大体上完成均质化的生豆会显浅黄色。如果用比事先设定的烘焙温度低的温度来进行加热时，生豆在烘焙整体时间的1/3 ~ 1/2内显浅黄色，就可以把那个温度当作适合均质化的温度就可以。

与可调温的热风式烘焙机相比，有些家庭用热风式烘焙机，只有一个调节时间的简易旋钮，是一种无法调控火力的热风式烘焙机。这样的烘焙机过于简单，所以这种设备很难改变咖啡的味道，只能是调整生豆量来调控休止期的长短，使之味道带来变化。增加生豆量，它所需的热量也会随之增加，因此实际上消耗能量就相当于降低火力了，随之休止期与之前相比就会变得更长。相反，豆子量减少的话，所需的能量也随之减少，就相当于供给了比所需热量更多的热量，休止期也就会变短。

家庭用热风式烘焙机 Gane Café

利用手网进行烘焙

准备物

适量的生豆，烘焙用手网，便携式燃烧器，风扇，电子秤，棉手套。

1. 烘焙准备：按照手网的大小称好适量的生豆，并将豆子放入网中。

2. 均质化：在火焰上方高处摇晃手网。

3. 加热：将手网靠近火摇晃。

4. 第一爆：维持在3的位置上或离火焰更近点的位置上进行摇晃。

5. 休止期：比4高一点儿的位置离火稍远一点的高度上进行摇晃。

6. 第二爆：比5再高一点儿的位置离火焰更远处进行摇晃。

7. 使用风扇冷却。

利用滚筒式进行烘焙

准备物

适量的生豆，滚筒式烘焙机，便携式燃烧器，风扇，电子秤，棉手套。

1. **烘焙准备**：称好适量的生豆放入滚筒式烘焙机里。

2. **均质化**：开小火，转动滚筒一段时间。

3. **加热**：火力比2加大一点儿，不断地摇晃滚筒机直至第一爆开始。

4. **第一爆**：不用降低火力，继续转动滚筒。

5. 休止期：根据休止期的需求调整火力的大小。

6. 第二爆：逐渐减小火力。

7. 使用风扇冷却。

利用Gane Café（家用热风式）进行烘焙

准备物

适量的生豆，Gane Café，风扇，电子秤，棉手套。

1. 将适量的生豆放入烘焙机内，设定好所需的温度和时间。

2. 测定第一爆和休止期的时间后仔细记录在本子上，在进行比较的过程中，可以逐步寻找出自己喜欢的咖啡烘焙点。

便宜又好用的自制家用烘焙器具

烘焙用的手网谁都可以很容易制作出来。先准备两个带把手的筛子，为让生豆均匀地搅拌，两把中的一把筛子的边缘掐出带角的印，然后把两个筛子相对合起来烘焙即可。

备两把带把手的筛子和4个夹子。

2. 其中一把筛子的底部用手推平。

用圆珠笔等把筛子掐出印来以便豆均匀搅拌。

4. 另一把筛子鼓起的部分推进去翻过来。

5. 利用夹子把两把筛子相对牢牢地夹住，以防止烘焙时筛子分离。

8

拼配，寻找只属于我的咖啡

拼配是将不同的咖啡混在一起，制作出新味道的一种作业方式。诸多咖啡企业或咖啡烘焙坊都在销售浓缩拼配、手冲拼配等多样化且口味突出的咖啡。

所有的咖啡在带有优点的同时也有缺点。进行拼配的最大理由就是弥补个别咖啡缺点的同时更加优化其优点，从商业角度上，这也是为了提供优质而品质均一的咖啡。

因咖啡是农作物，根据每年的生长环境不同其味道也不同。即使是同一国家的生豆，根据采收的时机和收成状况的不同，味道也会有细微的区别。所以，为了维持咖啡味道的一致性，根据需求时而要改变一下拼配，时而要改变一下烘焙方法。

拼配是为了区别味道而进行的。如果是单品咖啡，只要能购买到相同的生豆，不管竞争对手是谁，也能通过烘焙得到几乎相似的咖啡口味，在某种意义上就会丧失商业性竞争力。如果进行拼配就不同，即使相同的生豆也可以拼配出属于自己的独特风味。因此为了展示自己的实力且拥有商业竞争力，诸多咖啡企业或烘焙店在进行拼配。

手冲咖啡，大多为了突出单品咖啡固有的特征而精心萃取，所以拼配的情况不是很多。与之相反，意式浓缩需要拼配。完美萃取的浓缩咖啡，不仅能完整

地萃取出好的味道，同时不好的味道也能完整地萃取出来。所以为了弥补这种缺点，享受更美味的咖啡多使用传统的拼配。

进行拼配时要牢记的原则是：只要混入一点儿劣质豆就会影响整体的味道。所以为了削减成本，而掺入低价豆拼配是不现实的，拼配用的生豆始终要选择优质的。

代表性的拼配方式：先拼与后拼

拼配，是为了突出咖啡的个性化、差别化而进行的，其拼配方法也多种多样。常用的拼配方法有先混合再烘焙的先拼和先烘焙后混合的后拼。先拼和后拼都有各自的优点和缺点，所以根据咖啡的销售方式和拼配物的使用来决定拼配的方式。

商业用大型先拼设备

背面设有单独的豆仓来保管，适合大量生产

先拼——先混合生豆再烘焙。

先拼是先把生豆混合再进行烘焙的方式。烘焙过程中，每款咖啡豆带的香气相互交叉影响，烘焙结果物也很均一。先拼是烘焙豆外观上的品质与成饮品之后的品质是相对一致的，其商品价值也很高，所以在现代烘焙中深受欢迎。越是好的烘焙机越是能得到好的烘焙物，所以烘焙机的规模和性能决定着咖啡的品质。但是初期的投资费用很高，这也是其缺点。根据需求有时还区分硬豆和软豆单独进行烘焙。

先拼咖啡品质较均一，非常适合大量烘焙，特别是大量拼配稀少品种时，较适合选择先拼。

后拼——先适度地烘焙再混合。

后拼是将每一种生豆适度地烘焙之后相互混合的方式。后拼用的每一种生豆各自烘焙到最佳的烘焙点之后再混合，使咖啡呈现出完美的味道和个性。但是后拼豆子时，无法完美地均匀混合，造成各豆子的比例不均，难免萃取时的品质有差异。而且每一种豆子的最佳烘焙点也各不相同，因此后拼后整体的咖啡豆颜色不均匀，其商品性价值也会随之大幅度降低。从商业角度来说，后拼方法是很久之前烘焙机性能不佳时使用过的方式。

后拼系统图片

后拼系统图片——把豆仓放在烘焙机的后面用于保管烘焙的咖啡豆，通过电脑操控咖啡豆在背面的豆仓中进行混合。既可以销售单品咖啡，还可以销售多样的拼配豆。

像这样密度不同或者品种不同的豆子各自进行烘焙后再混合时，颜色就会显出斑驳现象，随之其商品性价值也会降低。为了避免这种现象，把各自的豆子烘焙成相互接近的颜色，再进行混合就可以得到颜色较均一的咖啡豆。

咖啡豆品种多、产量少的地方，可以将各自的咖啡豆单独进行烘焙后，就可以单品形式销售，还可以把这些咖啡混合制作出多样的拼配豆，所以品种多、产量少时适合选择使用后拼配。

拼配，这样做会很简单

所谓拼配，是指咖啡豆混合后，制造出新口味的一种方式，所以并非只有专家才可以做的事情。拼配多种咖啡豆时，根据咖啡豆品种和混合比例的不同，其味道千差万别，因此如要找出合自己心意的咖啡味道，其过程并不容易。其拼配过程中难免绕大圈，为了拼配更顺利地成功，我们先了解一下拼配测试和实际拼配方法。

拼配测试——先想好要用什么方式来喝咖啡。

拼配测试方法有多种，选择方法之前先要了解拼配后的咖啡用途。以作者的拼配教程举例来看，首先烘焙后每种咖啡按照各自想要的比率进行拼配。之后，用来制作美式、冰美式、咖啡拿铁、意式浓缩进行测试。拼配过程中难免会遇到，即使意式浓缩的味道很合意，但若用于咖啡拿铁或冰美式，可能会产生香气流失、酸味或苦味很重等不尽如人意的情况。如果要喝或者销售添加奶制品的花式咖啡，那么就要找到适合这些做法的拼配方法为好。

亲自体验两种拼配法

初次进行拼配时，对哪些豆子该怎样烘焙、该如何混合、该先拼还是后拼等都有些茫然且苦恼。在这里先了解一下两种拼配法吧。

对整体的咖啡印象和味道进行测试，除意式浓缩外，还要用意式浓缩制作的美式、冰美式、拿铁等不同饮品后进行比较。

首先掌握每个单品咖啡的特点，然后在各咖啡豆里按照比例一个一个地混合其他豆子进行品尝，并确认各组合的特点和个性。经过几次调试，掌握好各个咖啡的比例，就会更接近自己所想要的味道。

举例来说，用危地马拉、耶加雪啡、肯尼亚、洪都拉斯等豆子各自萃取意式浓缩进行味道品尝，然后再添加哥伦比亚和巴西的咖啡豆来调试味道，经过几次调整比例再进行品尝。

		哥伦比亚	巴西
危地马拉	10		
	4	6	
	4		6

危地马拉的比例为10时，虽然香气佳却有强烈的令人不快的苦味。危地马拉：哥伦比亚比例调整到4：6时，整体的香味好，给人一种好咖啡的感觉，但

酸味较重，适合用于加奶的咖啡饮品。危地马拉：巴西比例为4：6时，香气流失，整体会有苦涩难喝的味道。

		哥伦比亚	巴西
耶加雪啡	10		
	4	6	
	4		6

耶加雪啡的比例为10时，咖啡的芳香如同化妆品的香味，并带有针刺般的刺激感以及劣质的苦味。耶加雪啡：哥伦比亚比例为4：6时，虽减弱了类似于化妆品的香气和刺激感，但劣质的苦味依旧很强烈。耶加雪啡：巴西比例为4：6时，苦味依然，还更加突出了巴西咖啡豆的苦涩感。

		哥伦比亚	巴西
肯尼亚	10		
	4	6	
	4		6

肯尼亚的比例为10时，刺激感较强烈，苦味持续时间长。肯尼亚：哥伦比亚比例为4：6时，酸味特别重。肯尼亚：巴西比例为4：6时，整体的平衡度变好，但苦味重且持续时间长，这样的比例适合冰咖啡。

		哥伦比亚	巴西
洪都拉斯	10		
	4	6	
	4		6

洪都拉斯的比例为10时，意式浓缩整体的口感平淡，但是会产生咖啡的香浓味道。洪都拉斯：哥伦比亚比例为4：6时，酸味突出，醇厚度也很优越。洪都拉斯：巴西比例为4：6时，苦味少，有香味相伴且入口顺滑。

将前面测试中整体口感较好地组合危地马拉+哥伦比亚、肯尼亚+巴西作为中心再混合其他咖啡豆进行组合。

	危地马拉	哥伦比亚	巴西	肯尼亚	罗布斯塔
①	3	4	3		
②	3	3	3	1	
③	3	3	3		1

组合①，随着哥伦比亚的比例减少，酸味也随之减少，并且巴西的混合使得醇厚度增强，平衡度更优越，但是整体的感觉个性不突出，其存在感较弱。

组合②与组合①相比醇厚度明显增加，但是苦味较突出。

组合③比②加强了厚重感，且随着罗布斯塔的混合增添了香味，就制作出了整体感觉优质的好咖啡。

之后的测试中，按照危地马拉2、哥伦比亚3、巴西4、罗布斯塔1的比例再进行组合，因危地马拉比例有所减少，留在嘴里的莫名的苦味也随之减少了一点儿，主导拼配的哥伦比亚和巴西组合中巴西的比例增加后，整体形成了更厚重的口感。

用这种方式再次调整各自咖啡豆的比例来精巧地摸索及优化咖啡味道。

第二种拼配方法是事先了解被认可的好的拼配法，按照拼配方法先进行品尝，然后在基础上开始调整豆子的比例来改善味道。举例来说，假设我们被推荐了下面的拼配法吧。

哥伦比亚	巴西	危地马拉	罗布斯塔
3	4	2	1

这种拼配方法虽好，但为了进一步改善味道，下表调整了豆子的比例。

①整体虽好但酸味重。

	哥伦比亚	巴西	危地马拉	罗布斯塔	肯尼亚
①	5	2	2	1	
②	3	4	3	2	
③	3	3	2	1	1

②为了减少酸味，增加了巴西的比例，减少哥伦比亚的比例，醇厚感就相对变弱了。如果在这个拼配组合制作出的咖啡中加入奶制品时，其咖啡味道会完全被奶味盖住。

③为了弥补醇厚感混合了肯尼亚。

混合肯尼亚的拼配豆，整体的厚重感和平衡度变得更优越，所以我们除去危地马拉，再来尝试一下以肯尼亚为主导的拼配组合。

	哥伦比亚	巴西	肯尼亚	罗布斯塔	玻利维亚	危地马拉
①	3	4	2	1		
②	1	5	2	1		
③	2	3	2	1	1	
④	3	4	2	1		1

组合①的厚重感和味道的平衡度优越， 得到了优质的味道。

组合②为了厚重感，减少了哥伦比亚的比例，主要以巴西为主进行拼配，味道反而变得较平淡。

组合③随着混合玻利维亚，苦味变得更突出，但喝过之后，苦味在嘴里停留的时间很长。

组合④混合危地马拉后，本以为香气会更优越，实际上其醇厚度与咖啡整体的感觉更加优质化之外，反而有了让人不悦的苦味。

就这样把①选定为最终的拼配豆。

烘焙豆的保管与保质期

完美的烘焙固然重要，不过更重要的是如何保管。咖啡是食品，其保管方法不容忽视，始终都要保障食品安全，防止变质。从说明书上讲，咖啡豆的保质期是1年，但它的真正的生命力与咖啡豆内部气体流失的时间有关。越是大的烘焙机烘焙的豆子气体流失的速度越慢，其保存时间也长。越是小的烘焙机烘焙出的咖啡豆，其内部气体流失的速度越快，必然好的香味在咖啡豆内部留存的时间也短。我们知道30kg以下容量的烘焙机烘焙出的咖啡豆最好在一个月内消费，因为咖啡豆的脂肪成分被氧化，会散发出像食用油酸腐的味道或烟灰般的味道，最好不要食用。

以未磨碎的状态来保存咖啡豆

咖啡豆从研磨的那一瞬间开始，自身带有的香气粒子就快速飘散到空气中去。研磨后短短一小时就能大量流失香气，所以以粉末状态保管咖啡，香气会大大降低。因此最好是喝之前现研磨。 去咖啡店就能看到意式咖啡机旁都设有磨豆机，这是为了尽可能长时间保存咖啡风味的同时现磨现萃取，使咖啡豆的香味尽可能多地融入咖啡中。

保存在干燥的地方

烘焙后的咖啡豆水分含量在1%～2%，除了非常干燥的环境之外，咖啡豆能吸收空气中的水分，被吸收的那些水分都会影响咖啡的味道。这种情况就叫作不情愿的“事前萃取”，这种湿气的吸收，会使咖啡很快变质，容易破坏咖啡的味道。

使用密封容器或者密封包装

当然烘焙后的咖啡豆所含的水分含量不及其酸腐，但是咖啡是种子类的农作物，因此其油脂含量很高，与空气接触就容易氧化。所以尽可能使用隔绝空气的容器为好。保管咖啡最重要的是隔绝光线和外部空气。装咖啡豆的包装袋内部大多是以铝箔复合，主要原因是要隔断透光透气。最好的保存方式是使用锡罐，也就是使用易拉罐保存。但是大部分的咖啡专卖店都是使用透明的密封瓶来储存咖啡豆。我们可以把这个理解为商业行为。从咖啡专卖店的立场上考虑，只有亮出咖啡才能销售咖啡，好在这种咖啡专卖店销量大，所以很少出现因储存不当而咖啡变质的情况。

最好存放在10～20℃的常温下

咖啡最好在常温下存放，且在变质之前饮用。但是会有量多而无法在氧化之前全部消耗的情况，那么可以利用冰箱来保管。冷藏室一般将各种食物存放在一起，咖啡豆容易吸收其他食物的杂味，所以不推荐冷藏保管。如果不得已冷藏时，建议使用密封容器保管。

冷冻咖啡豆，虽然可以保管很长时间，但需要注意的事项很多。从冷冻室取出后不建议马上开封，因为温差会使咖啡豆表面出现湿气，这种现象使咖啡豆进入事前萃取的状态。好多人重复着从冷冻室里取出来适量的咖啡，再把剩下的咖啡豆放进冷冻室，这样就会出现像烟灰一样的不好的味道。

从冷冻室取出的咖啡豆先不要开封，在常温下放1～2小时，直到和常温相同的温度时再进行萃取。需要冷冻保管时，最好按一次喝的量事先分装到小袋子里，分量保管为好。

作者推荐的拼配咖啡

作者是根据意式浓缩的用途选择了以下的拼配比例。

哥伦比亚上选级3+巴西圣多斯2+肯尼亚AA2+罗布斯塔1

适合用于冰美式咖啡或者咖啡拿铁等体现厚重感的拼配组合。

哥伦比亚特选级4+巴西2+曼特宁1+西达摩3

前3种都集中体现厚重感，不足的香气用西达摩来补充。

西达摩3+巴西4+危地马拉2+坦桑尼亚1

整体强调柔和性，追求舒适的口感。

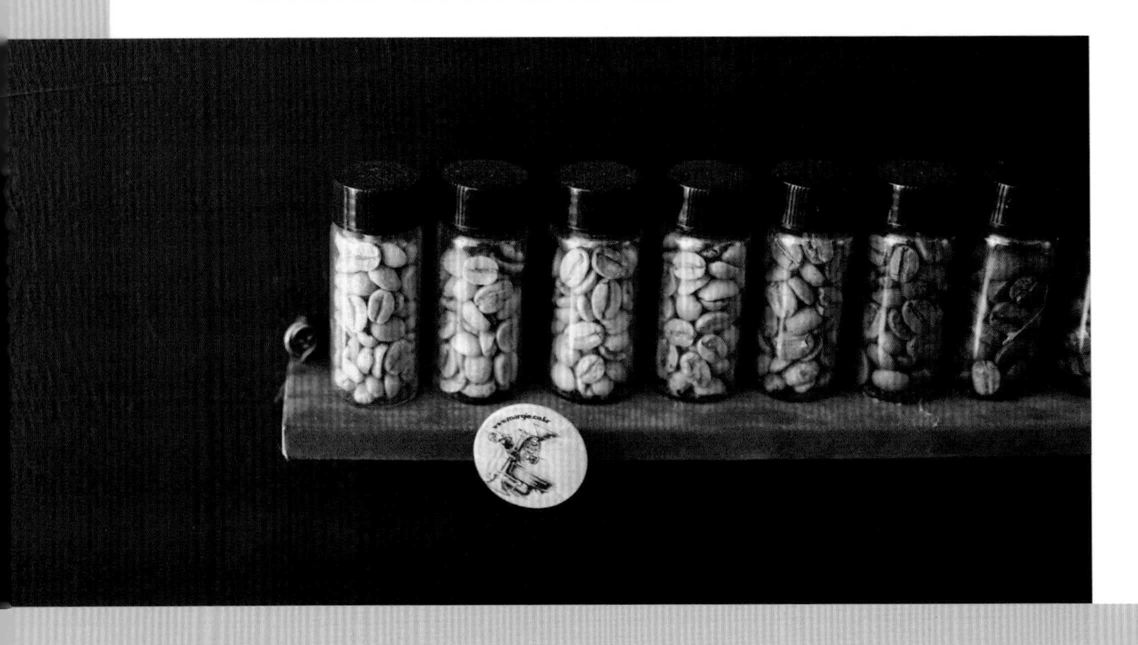

Part 3

手冲咖啡

1

手冲咖啡需要的基本器具

手冲（Hand Drip）咖啡已经不再陌生。

手冲咖啡即使没有咖啡壶、意式咖啡机等专业的器具，利用滤杯和滤纸就能冲泡出咖啡，是一种简单的萃取方法。手冲咖啡与意式浓缩不同，味道干净纯正，与滴滤式咖啡壶相比，可以享受更加浓郁丰富的味道。

手冲咖啡所需要的最基本的器具有粉碎咖啡的磨豆机，过滤咖啡的滤杯、滤纸，萃取后盛咖啡的玻璃壶，还有冲水的手冲壶。除此之外，如具备电子秤、温度计、量勺等道具就更完美了。还有，要准备新鲜的咖啡豆以及优质的水。

磨豆机（粉碎机）

咖啡豆要在喝之前现磨、现萃取才能品尝到更优质的香气和味道。因为咖啡在磨碎的那一瞬间开始，香气和味道成分就会挥发到空气中。磨豆机是手冲必备的器具之一，磨豆机有手动和电动两种。好多咖啡爱好者都是先将所有设备准备好之后，再选择购买磨豆机。这里建议，磨豆机应该优先购买并且要选择好的磨豆机。

手动磨豆机

手动磨豆机因价格相对较低而深受青睐。但磨出来的豆子有粗细度不均的缺点。通常这种磨豆机我们称之为手磨（Hand mill）。常用的手动磨豆机大部分是圆锥研磨型（Conical Burr Type）刀片。

圆锥研磨型刀片的磨豆机，是利用重力将咖啡豆推到刀片上，所以即使不能以快速旋转而获得离心力，也可以顺利地磨碎咖啡豆。因此，会很少因快速旋转而发生摩擦热。磨碎咖啡豆时，只要受热，味道和香气就很容易变质。手动磨豆机很少发生摩擦热，所以可以享受更优质的香味。

手动磨豆机是人用手转动进行的，所以常见磨碎的速度不均的情况。转动速度不同， 咬入刀片上的咖啡豆量也有所不同，随之咖啡粉粗细也容易参差不齐。虽然磨豆机刻度是固定好的，但转速快，磨出来的粉就相对细一点儿，转速慢就相对粗一点儿。所以最好按照所需的粗细以均匀的速度研磨。

磨出来的咖啡带有陈腐的味道就得清洗磨豆机。把磨豆机的刀片拆卸下来抖掉存积的灰尘，再用酒精擦拭，去除咖啡渣。如果不熟悉拆卸磨豆机，就定期地放入少量专用清洗药片或大米、麦子等谷物进行磨碎，这些谷物被磨碎的同时会除掉油脂。

电动磨豆机

虽然价格比手动磨豆机贵一点儿，但是速度快且粗细均一，是大多数咖啡爱好者希望配备的器具之一。

根据刀片的形态可分为刀刃型（Blade Type）、研磨型（Burr Type）。研磨型又分为圆锥研磨型和平面研磨型（Flat Burr Type）。平面研磨型又分为切割型（Cutting Type）和碾磨型（Crushing Type）。

刀刃型

刀片在电机的作用下高速旋转而磨碎咖啡的方式。与家庭常用的榨汁机构造基本相同。价格相对较便宜，但是常有咖啡粉末粗细不均的情况，这也影响咖啡的味道。如果不停歇地磨碎就容易出现因旋转而粗粉和细粉上下分离的现象，其磨出来的粉粗细也参差不齐。使用这种磨豆机时，最好是间隔1～2秒要停顿一次，且上下摇动把粗粉和细粉充分混合。

碾磨型

通过调整像石磨似的两片刀刃的间距来调整咖啡粉粗细的一种方式，是最普遍使用的方式。要定期地拆卸进行清洁，还需要把里面夹杂的咖啡残渣抖出来。

平面碾磨型

像圆盘一样的两个石磨形刀片呈上下咬合的状态。利用两片刀刃快速旋转的离心力使豆子推进到刀刃下磨碎。可以均匀地磨碎，且可以一次性大量磨碎，是最广泛使用的磨豆机。但是高速旋转的刀刃间较容易产生摩擦热，这也是损失咖啡香味的原因之一。因此根据粉碎量的需求再选择磨豆机刀刃的大小，或者增添一台磨豆机，这样可以防止连续磨豆而产生的摩擦热，也能控制咖啡味道和香气。

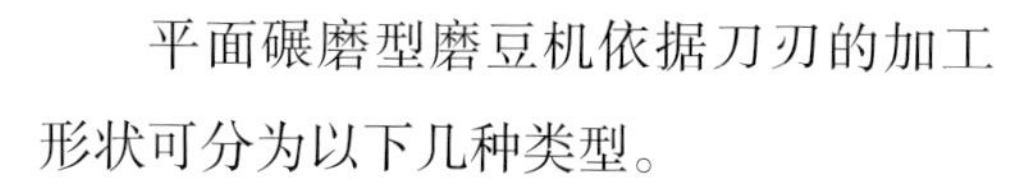

平面碾磨型磨豆机依据刀刃的加工形状可分为以下几种类型。

• 切割型：咖啡豆被咬合在刀刃上切碎的方式。产生的细粉（面粉般细腻的咖啡颗粒）较多，但其粗细度相对均一，而且还能精确地调整粉碎刻度。这种方式的磨豆机多用于意式浓缩、高价冲煮咖啡，或者咖啡粉销售等。

切割型刀片

- 碾磨型：以碾压豆子的方式进行粉碎。产生的细粉少，构造上，刀刃的耐久性好，所以常用于销售粉状的咖啡。但是粗细度相对不均一，精致调节咖啡味道略有难度。另外这种磨豆机无法精细磨粉，所以不适合用于意式浓缩咖啡。

圆锥碾磨型

外侧和内侧的刀片都是圆锥形，豆子推进到两片刀刃之间的缝隙进行粉碎。咖啡豆在重力的作用下滚落掉入刀刃里，以比平面碾磨型更慢的速度进行粉碎。因为粉碎速度慢，所以产生的摩擦热就少，就可以保住咖啡的香味。但是电机和刀刃加工的费用高，所以比平面碾磨型磨豆机相对要贵。

圆锥碾磨型磨豆机

滤杯

萃取咖啡的漏斗形的器具，是1990年初期德国的Melitta Bentz女士开发的。早期的模型是在罐头筒的底部用钉子钻孔，为防止咖啡粉漏出，使用滤纸隔在滤杯上。从那以后经过改良变成了现在的模样。其中最大的变化是从圆形筒转化成了漏斗模样。

咖啡萃取器具之一的越南式咖啡滤杯，与初期的咖啡滤杯很相似，圆筒底部钻孔而成

为什么滤杯是漏斗形状呢

最初的圆形罐头筒，其咖啡萃取面积与器具底部的面积是一致的。这种器具的最大缺点就是可萃取的面积特别窄，萃取咖啡的时间会很长，随之令人反感的杂味和苦味较多。为解决这个问题，应扩大萃取面积，缩短萃取咖啡的时间。

在平面上倒水，水有往周边扩散的倾向。利用水的这种习性，制成漏斗模样的滤杯，使之侧面也能萃取出咖啡。与利用罐筒的底部萃取相比，漏斗形萃取面积就大有增加，从而加快了萃取速度。经过这样的改良，缩短了萃取时间，减少了很多咖啡的杂味和苦涩味。

多样的漏斗形滤杯

为什么滤杯有沟槽（Rib）

从滤杯的里侧看，倾斜的壁面上有间距均匀的凹凸的沟槽，这些沟槽与肋骨相似，所以称之为肋骨，也叫螺纹（Rib）。

为使滤杯的壁面顺利形成萃取，且加快萃取速度，需要在滤纸和滤杯壁面之间隔出空隙。为此在滤杯的壁面上制作了沟槽。通过沟槽滤杯壁面和滤纸之间的空气和水流顺畅流动，随之缩短了萃取咖啡的时间。

不同的滤杯有味道差异吗?

即使是同一生产商制造的卡莉塔（Kalita），其树脂滤杯和铜滤杯的萃取速度之差有30%左右，所以萃取出的咖啡味道也有差异。因为根据各生产商制作出的滤杯的形状，其滤杯内堆积的咖啡粉的形状也不同，萃取速度也有所差异。各个滤杯的形状直接与水流的速度有关联。水流速度越快，可溶解的咖啡成分的量就越少；水流速度越慢，可溶解的咖啡成分的量就越多。因此假设注水速度相同，根据滤杯种类的不同，其萃取出的咖啡味道也有所变化。

滤杯的水流性好，且能快速萃取的情况（例如Hario，KONO，Kalita陶瓷等滤杯），可以控制慢萃取时带出的杂味，可以得到柔和淡雅的咖啡。滤杯水流不顺畅而慢萃取的情况（例如Kalita树脂滤杯、Kalita铜滤杯、Melitta等），虽有

沟槽和滤纸间的空隙

浓郁的香气和味道，但是因为萃取时间过长，容易带来过度萃取，杂味也会增多。

流水性好，可以快速萃取的滤杯

- KONO滤杯：圆锥形形状，下面只有一个大孔。
- Hario（哈里欧）滤杯：与KONO滤杯外形几乎相似，但Hario的壁面整体都有沟槽。
- Kalita陶瓷滤杯：是陶瓷材质制作的，底部有3个输出孔。

流水性慢，慢速萃取的滤杯

- Kalita树脂滤杯：是用树脂材质制作的，底部有3个输出孔。
- Kalita铜滤杯：是铜质的，导热系数高，底部有3个输出孔。
- Melitta滤杯：底部只有1个输出孔。

法兰绒滤杯

法兰绒滤杯是用布料制成的滤杯，是使用棉布制作的。棉法兰绒是把棉布的一面用铁刷刮成绒面而制作的。把这种棉布裁剪成三角形或半圆形后两三张叠加

在一起做成的。

与滤纸相比，棉绒布的结构不是很紧密，面料密度较松，在萃取咖啡的过程中，比滤纸更容易萃取出咖啡成分。这种特征使萃取的咖啡味道更丰富更柔和。再者是圆锥形状，与其他滤杯相比，装上咖啡时，法兰绒滤杯更容易汇聚在中间，而且过滤同等量的咖啡时， 比起一般的滤杯，法兰绒上的咖啡粉显得又高又深。也就是说，水流通过咖啡的距离变长了，所以就能得到更加丰富的味道。

在萃取过程中，咖啡的油分会吸附在法兰绒滤杯的表面，因此萃取后需要注意保管。保管不当，绒布上的咖啡残留物会陈腐，萃取出的咖啡中容易掺杂异味。为防止残留油脂的变质，萃取结束后马上要放入热水中漂洗，除掉油脂和残渣之后，放到水里尽可能隔断空气保管。为防止污染需要每天换一次水。如要长期保管，可以在湿的状态把其装到透明塑料袋里冷藏保管，也可以完全干燥之后再保管，但也需要经常拿出绒布放入沸水中消毒，也可以减少味道的变化。

随着萃取咖啡的次数增多，法兰绒滤杯上的残渣和油脂就会积留在滤布上，使萃取咖啡速度变慢。而且每一次萃取咖啡时，这些残渣与油脂多多少少会溶解出来掺杂到咖啡味道之中，所以使用的次数越多咖啡味道越差。大体上使用20 ~ 30次以后就能明显感觉到味道在发生变化。如果发现萃取速度明显变慢或味道有变化就需要更换滤布了。

手冲壶

手冲咖啡最重要的是控制注水的速度。选购手冲壶，先仔细观察市面上销售的各种形状的手冲壶，再选择既方便且有效率，又适合自己的手冲壶才可以萃取出令人满意的咖啡。手冲用的水壶能调节水流的大小，且要注意停止注水时水流是否顺着壶口外流，所以跟一般的水壶形状有点儿不同。

挑选手冲壶

手冲壶形状一般来说梯形的比较好。如果装水量相同，梯形的手冲壶比圆筒形的水壶垂下注水的幅度大很多。注水时，壶口部分可以贴到咖啡，所以能自在地调节水流且可以精巧地手冲。

圆筒形水壶和梯形水壶

比起圆筒形水壶，梯形水壶可以更靠近滤杯

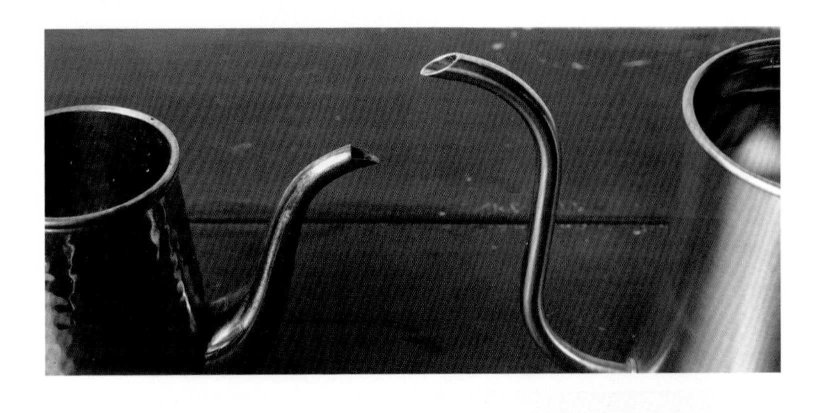

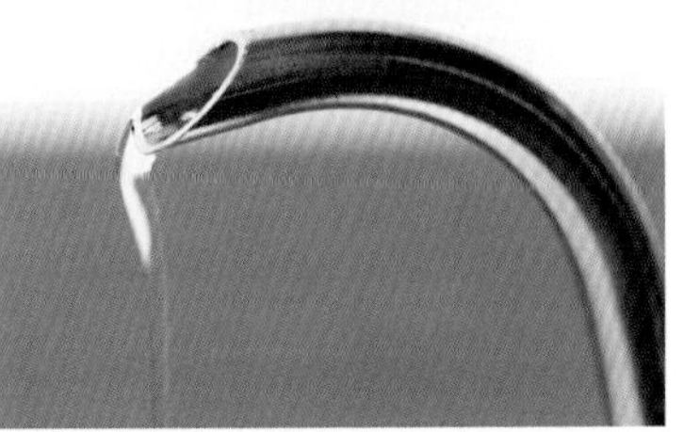

切割成嘴唇形状的壶口和直线形状的壶口

水壶壶口的形状

选择手冲壶时特别需要留意的是壶口的形状。以粗水流注入时，水柱不能呈现抛物线且流速不能太快；细水流注入时，水不能顺着壶口外流。

切割成嘴唇形的壶口形状比直线形要好。

直线形的壶口，以细水流注入时，在表面张力的作用下，水有顺着壶口往外流的倾向，所以需要留心观察切割角度后再挑选才行。切割角度低，壶口就越大，表面张力形成的力度就会越小，因而注水时顺着壶口外流的现象就减少。切割角度大，壶口就越小，从而表面张力就越强，使得水流无法自然下落，就顺着壶口外流。

手冲壶壶颈的形状

手冲壶壶颈的形状，对垂下手冲壶注水的形态有着很大的影响。主要能看到两种形状的壶颈，一种是纤细的管贴在壶身的形状，还有一种是像粗厚的天鹅颈一样的形状。天鹅颈形状，因其与壶身相贴的部分面积大，对水流起着缓冲作用，垂下手冲壶注水时，可以减少往上冒水的现象。与细管壶颈形状相比注水更稳定。

水壶壶颈形状：天鹅脖子形和细管形

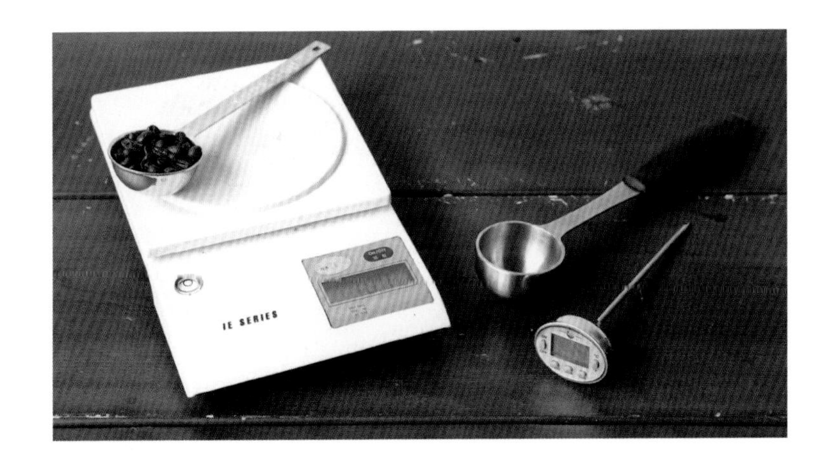

温度计、电子秤、量勺

在一般家庭里很难备齐这些道具，但是这些道具却对咖啡味道起着很大作用。调节水温会直接影响咖啡味道的变化，因此温度计是想给咖啡味道带来变化或者完整地重现相同味道时常用的道具之一。

咖啡豆的量也影响着其味道。所以利用电子秤或量勺称出滤杯所需的咖啡豆的量，并记录下来就容易重现相同的咖啡味道，或者想要变化咖啡味道时，这些器具还是有用途的。

新鲜的咖啡

所谓新鲜的咖啡，不仅仅是指烘焙不久的咖啡，这里补充一句是指保管完好没有变质的咖啡。

与烘焙后存放几天的咖啡相比，刚刚烘焙的咖啡香味少，会带有涩味和刺辣味。这是因为烘焙过程中生成的内部气体还未完全排出，在萃取咖啡时容易溶化出来，或者是烘焙反应中的各种成分还未完全稳定地生成而造成的。所以通常刚刚烘焙的咖啡都是等到味道更稳定后再喝。这个叫作熟成咖啡（Ageing Coffee，俗称养豆）。

熟成过程中最好在隔离阳光和外部空气的状态下进行。如果放入密封性好的存储容器里，因气体排放，容器里的内部压力就会上升，这种情况会出现容器破损的现象，或者在压力的作用下油脂就会外溢在咖啡的表面，所以适当地打开容器释放压力为好。

熟成期随着烘焙方式的不同会有很大的差别，所以很难准确地说多长时间是最适合的。萃取品尝时感觉好那就是最好的时候。举例来说，直火式烘焙的咖啡豆，呈现出优质味道的熟成期是2～3天，味道持续时间相对较短。半热风式或热风式烘焙的咖啡豆熟成期为5～7天，其味道持续的时间相对较长。

水

水在咖啡中的比重很高，所以水质是影响咖啡味道至关重要的要素。

萃取咖啡时需要使用未被污染的、干净新鲜的水。最好是使用纯净水，如果条件不允许也可以使用矿泉水，但是矿泉水是净化过的地下水，所以带有地下水的性质。地下水所含的矿物质成分会降低咖啡的味道，不太建议使用。因为钙会抑制苦味使咖啡的味道变得平淡，镁会增强涩味和苦味，还有铁成分会使咖啡变得浑浊。如果不得已使用矿泉水时，多试几次不同牌子的矿泉水后选择一种适合自己口味的也是一种不错的方法。

自来水虽然比较安全，但水的氯气味较大，最好在使用前一天接水除掉氯气或者煮5分钟后再使用。

2

手冲咖啡的萃取原理

萃取咖啡时，将磨好的咖啡粉放入滤杯中再精心注水。第一次注水要少量，且静置至浸透咖啡粉，然后再分为3～4次注水。为什么要分这几个步骤呢？这是因为咖啡萃取时利用了溶解和扩散的原理。

萃取咖啡时，如果仔细观察滤杯就可以看出咖啡的变化过程，这对萃取咖啡起着参考作用。但是滤杯里夹着滤纸不能直接看到里面的变化，所以准备一套与滤杯相似的透明的器具。那么萃取时，溶解和扩散是如何进行的呢？

手冲咖啡的核心原理是溶解和扩散

在烘焙过程中，咖啡细胞内部发生化学反应，生成散发出咖啡香气和味道的多种成分。作为这些化学反应的副产物，咖啡内部慢慢形成的气体，使细胞开始膨胀。这些气体和水分通过细胞内部非常小的细孔往外排出。这些不计其数的细孔中含有烘焙过程中形成的主导咖啡味道的成分。要想溶解这些成分，首先要粉碎咖啡豆，而且尽可能地把咖啡豆细胞组织内部的细孔多裸露到表面。然后慢慢注水，就能溶化出咖啡的成分，这就是溶解。

为了顺利进行溶解，我们可以考虑把咖啡粉磨到最细，使细胞内的所有成分得到溶解。但是磨得太细就容易堵住滤纸，所以实际萃取时咖啡粉只磨成芝麻粒大小。这样有一些含有咖啡成分的细胞被裸露到表面，也有一些细胞未露出表面。还有一些含有咖啡成分的细胞通过粉碎也不能破碎，这种细胞无法通过溶解来萃取，这时只能通过扩散才形成萃取。

咖啡装入滤杯里，先少量注水至咖啡浸透，咖啡就开始膨胀。这是因为热水顺着烘焙过程中形成的咖啡细胞之间的毛细管，浸入到咖啡细胞内的同时，把细胞内的气体往外推挤出来，使得咖啡膨胀。

进入到咖啡细胞内的水，开始溶解咖啡成分从而形成了浓厚的咖啡溶液。静置一会儿再次往滤杯内注水，这时咖啡细胞内形成的溶液和新注入的水之间产生浓度之差，浓浓的咖啡溶液就开始往新注入的水中推送咖啡成分，这种过程就是扩散。

就这样，为了更顺利地进行溶解，以及充分形成以浓度之差引起的扩散，正式萃取之前往咖啡细胞内第一次注水之后静置30 ~ 40秒的过程叫作事前萃取。在这个过程中，咖啡已充分形成萃取准备。

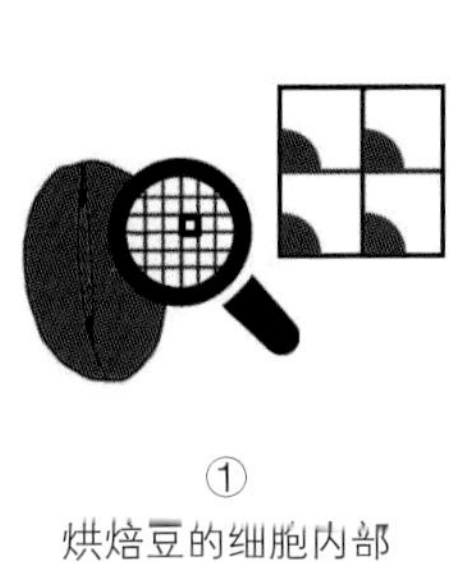

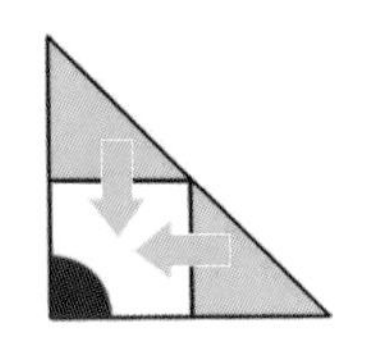

①
烘焙豆的细胞内部

②
往咖啡粉里注水时，粉碎时破碎而裸露到表面的咖啡成分被水溶解

③
未破碎的细胞组织把水吸收到细胞的内部

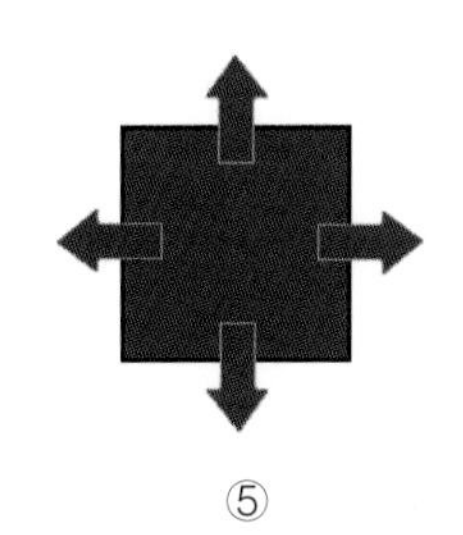

④
被吸入的水与细胞内部的咖啡成分相遇而形成溶解

⑤
细胞内的溶液和新注入的水之间产生的浓度之差，使得咖啡溶液往水方向推送咖啡成分，从而形成扩散作用

咖啡里注水时细胞内产生的溶解和扩散过程

秘诀在于咖啡和水均匀接触

将烘焙好的咖啡豆拿到显微镜下观看会发现有很多的小孔，就因为这样的多孔结构，注水时咖啡粉会浮在水面。

仔细观察浮在水面的咖啡粉，可以看出被分成了两层。底层因为咖啡粉充分与水接触，从而形成了咖啡成分活跃地溶解和扩散，但是上层与咖啡中排出来的气体混合在一起，因此咖啡无法充分地与水接触。因此即使放入足够的咖啡粉，有一部分的咖啡成分不能完全地溶解出来。

为使充分形成溶解和扩散，咖啡里注水后，有时也用勺子在滤杯里搅拌。通过勺子搅拌，被分层的部分再次混合，这样咖啡和水就可以充分地接触。如果注水时精心一点儿，可以不用勺子搅拌，咖啡粉也能充分地与水接触。

被分层的咖啡

与水接触的咖啡

萃取液

经常会听到有人说注水时为避免咖啡层的塌陷，都要小心仔细地控制水流进行注水。但是像图片里看到的那样，水面上漂浮的咖啡粉上即使用再细的水流注入，落下的水流还是给表面咖啡层带起冲击力，使得咖啡随着水流下沉到底层后又再次浮到水面上。就因为这种现象，咖啡与水能够充分均匀地接触。

注水本身就是为了让水和咖啡充分搅匀，所以只要能够让水和咖啡充分地搅匀，不管注水方法如何，对咖啡的味道也没有多大的影响。

3

基本的手冲方法

基本的手冲方法大体如下。

在准备好的玻璃壶或杯子上面放上滤杯，将准备好的滤纸夹在滤杯里固定住，然后把粉碎的咖啡粉放到滤杯里。先用咖啡粉相对等量的热水进行事前萃取，再经过3～4次注水萃取出所需的咖啡量。

那么下面让我们来仔细了解一下从准备滤纸到注水的每一个阶段的要领。

准备滤纸

滤纸在萃取咖啡时将分离咖啡粉和咖啡萃取液。

尽可能使用与滤杯配套的滤纸为好，另外准备的滤纸应该与滤杯的大小相对应。

因滤纸的形状是平面，若直接把滤纸展开套在滤杯上会不吻合，咖啡粉也装不平。还有在萃取时，滤杯和滤纸之间容易溢出水，会导致水流不顺畅。因此需要正确地折叠滤纸后，套入滤杯内，再装咖啡粉。装好咖啡后，轻轻地摇晃滤杯，使咖啡表面变平整。如果太用力摇晃滤杯，就会压实咖啡粉，会导致滴水不流畅，这一点需要注意。

需要在滤纸上注水去除纸味吗？

大部分的滤纸没有纸味或者是轻微带一点儿，如果不是特别敏感的话可以不用注水清洗。滤纸上注水反而使滤纸紧贴到滤杯上，导致水流变慢，妨碍萃取。另外附在湿滤纸上的咖啡粉会提前进入到萃取阶段，从而引起萃取不均，甚至过度萃取而导致令人不悦的苦味。

滤杯里注水时，三孔中只有一个或两个孔出水是不正常吗？

这种现象大部分是滤纸没叠好而产生的。滤纸没叠好的状态下套住滤杯时，滤杯壁和滤纸之间会留下空隙导致溢水现象。这种现象可能无法确保滤杯和滤纸之间的空隙，或者阻碍空气的流动，因此三孔之中的某一个孔起着供给空气的作用。所以看起来孔被堵住。如萃取总是不顺畅的话，可以考虑换一下叠滤纸的方法，滤杯和滤纸相吻合就能解决问题。

折叠好后正确地套在滤杯上的滤纸

滤纸未折叠好无法正常萃取的情况

事前萃取

上面的图通常被称为“闷蒸”过程，所谓的“闷蒸”，本来的意思是指把食物煮或烤之后利用余热再一次丰富味道的过程，所以在这里称之为“闷蒸”是有点儿不恰当。这个过程就像前面说的一样，叫作事前萃取。往咖啡里注入少量的水，随着水渗入咖啡细胞内部，开始进入溶解咖啡成分的准备之中，并且通过气体和水相互交换的过程中，开始进入扩散的准备之中。

事前萃取是决定咖啡味道的重要过程，所以越精心萃取越能得到好结果。

什么程度是最恰当的事前萃取？

事前萃取是指为使水充分渗入咖啡细胞内的多孔质构造之中而准备的时间。这个时间30～40秒就已经很充分。如果事前萃取时间过长意味着水较长时间滞留在咖啡细胞内，所以萃取前期可以得到浓郁的萃取物，但是整体的萃取时间变长，形成过度萃取的可能性较大。

如事前萃取达到50秒至1分钟的时候，为避免过度萃取，要调整后半部萃取时间。这种情况，事前萃取物浓度高，非常强烈，所以整体萃取量比正常要少一点儿，以兑水来调整浓度即可。

事前萃取时注水量是多少？

事前萃取时，只要把咖啡粉充分浸透就可以。通常注入与咖啡粉量相同的水量。例如使用的咖啡粉量是30g，那么注入的水量是30mL。这种程度的水量可以充分浸透咖啡，且此时的滤杯下面还没有开始滴落萃取液或者只滴落了1～2滴。

事前萃取时，越是近期烘焙出的咖啡越容易膨胀，能膨胀的咖啡豆可视为新鲜豆。

萃取

事前萃取的咖啡是为下一步的真正萃取而做的准备。之后正式注水开始萃取咖啡。分3～4次的注水来萃取出适量的咖啡。整体的萃取时间为2～2.5分钟。

滤杯图——萃取方向　　　　水流

其实注水方式对咖啡味道不会有很大的影响，所以可以采用自由而舒适的姿势来注水。在这里重要的是咖啡与水的接触要均匀，因此一般是画蜗牛形注水。

注水时要注意的几点

一是注水时水流不能过大；二是不必刻意在滤纸的边缘上注水，因为滤纸边缘的咖啡粉即使注水，也无法全部萃取出来。这两种情况都会使咖啡细粉因水堆积到滤纸边缘堵住滤纸，从而萃取速度减慢，所以注水尽可能要自然且柔和。

另外不要在同一个位置上持续注水，注水原本是使咖啡反复沉淀与浮起的过程，但是如果在同一个位置上持续注水的话，咖啡会无法浮上来而是沉到下面。下沉的咖啡会堆积到滤杯底部，堆积的咖啡使萃取速度减慢。就是因为这样的原因，苦味和不好的味道才会加重。

如果滤杯的中间部位咖啡堆积得很深，在此部分注水时水流可以粗一点儿，也可以多一点儿。越是滤杯的边缘咖啡量就越少，如果这个部分用粗水流注水，因其冲击力会使咖啡细粉堵住滤纸。靠近滤杯的边缘，注水要细一点儿或者细水快流。

根据咖啡萃取的速度分次注水

想要萃取几杯咖啡时，如果一次性完成注水，水就会溢出滤杯。如果从滤杯滴水的速度来调整注水的速度，也许不用分次就能一次性完成注水，但是这样注水时间会变长而且不方便。为了方便，通常分3～4次，这也是较适合的注水次数。

首先要决定基本的萃取法才能决定注水量，分次注水时间。大体上，事前萃取之后先要了解咖啡萃取速度，也就是说，看着玻璃壶上滴落的咖啡速度来注水，每一次的注水量是整体萃取量的1/4左右，例如想一次萃取两杯咖啡时，每一次注水量大约是半杯量，如果包含事前萃取，总共分5次注水。

事前萃取后的咖啡粉并不是充分含水的状态，而是处于要吸入水的准备状态，这时注水的水流强，有可能不通过咖啡粉就直接流走。这样萃取出来的咖啡整体上会很淡，所以一至两次要以细的水流更加细心地注水，那样才能完成基本的萃取。

滤纸的折法

①将底面顺着接合处折起来。

②与底面折起的接合处反方向折起侧面的接合处。

③将底面两角铺平成立体状。

④将呈立体状的接合处的尖角用手掐成滤杯形状。

⑤滤纸放入滤杯时，为防止浮起将滤纸捏成滤杯模样。

⑥把滤纸放入滤杯内。

4

影响味道和香气的主要原因

萃取咖啡不仅仅是要萃取其固有的味道，还可以根据个人的口味和个性自由地调整味道。这样自由自在地萃取多种多样的味道就是萃取咖啡的乐趣。那么哪些因素会影响咖啡味道呢?

萃取时间点与浓度

萃取咖啡时，最初的萃取液很浓，越往后，萃取液的颜色就变得越淡。这意味着咖啡所含的可溶性成分将逐渐减少。咖啡成分的溶解，不是我们想象的那样保持始终统一的浓度，而是从浓逐渐变淡的过程。

咖啡是烘焙过程中所形成的咖啡成分被水溶解出来的液体，溶解出的咖啡成分的浓度不同，其味道也有变化。在前期的萃取中香气和味道浓重，浓度也很高，萃取液越是往后，味道和香气也会随之变淡。前期20%左右的萃取液中溶解出的咖啡成分有整体的80%左右。也就是说，前期萃取液将最大限度地溶解出咖啡成分，因而起着决定咖啡味道和香气的作用。后期萃取液中溶解出来的是形成咖啡豆构造的木质成分，此部分决定醇厚度和苦味的成分较多。

品尝咖啡每个萃取阶段

咖啡萃取溶液各个阶段的颜色（早期→后期）

前期萃取出来的咖啡液里兑上水，味道便更加清淡而柔和，且香气迷人，但是比较缺乏厚度和个性。如果在前期萃取液上适当地加入后期萃取液，就可以弥补苦味，香气和味道也突出，也强调了厚度与个性。初期和后期萃取的咖啡香气和味道是不同的，利用这一点就能调节出更加精细而有个性的味道。

利用注水点

好的咖啡成分主要在前期萃取，因此事前萃取结束之后，先注入少量水，最大限度地萃取出好的咖啡成分。然后等到充分滴水之后再注入水，这样咖啡扩散作用将更加活跃，从而得出味道强烈的咖啡萃取液。

为抑制咖啡味道，后期采用比前期相对快的速度萃取。后期的注水量比前期要多，这样萃取速度相对变快，萃取液也相对淡。另外后期不要等到全部滴落之后再补充注水，滴落的水量少时，要马上补充注水，这样就能得出更加淡的萃取液。如果用这样的方式萃取就可以分4次以上注水。

这样的萃取方式如果不熟练，每次的注水量、次数以及萃取时间点等都会有所差异，因此萃取出来的味道也不同。如果只是个人享受咖啡，这一点不会成问题，但是在咖啡厅，则很难重现相同的味道。

咖啡粉的粗细度

这与含有咖啡成分的咖啡细胞与水接触的表面积有着直接的关联。举个简单例子，我们先比较一下大粒盐和细粉盐的溶解速度。我们可以明显看到，磨成细粉的盐比大粒盐溶化得快，这是因为磨成细粉之后，盐与水接触的表面积大，溶化的速度就快。

咖啡也如此，咖啡粉磨得细，与水接触的表面积就大，溶解出的咖啡成分浓度也高。反之，咖啡粉磨得粗，与水接触的表面积就少，其萃取液的浓度也低。

确认粉碎颗粒的器具——试验筛（test sieve）
由铁丝网制作，通常叫作网眼（mesh）

咖啡粉磨得越细越好吗？

咖啡粉磨得越细，细粉就越多，这种细粉容易堵住滤纸孔，使得水很难通过滤纸。这样咖啡萃取速度也变慢，自然咖啡被浸泡的时间也变长，随之萃取出来的杂味也就大。

萃取意式浓缩时，一般咖啡粉磨得很细，可以在短时间内萃取使咖啡的香气和味道最大限度地体现出来。由于浓缩用咖啡粉过于细，以自然的重力是无法使水通过咖啡粉，所以人为地加上9Pa的压力，使水快速地通过咖啡粉粒之间，来适度地萃取出香气和味道。手冲则不同，不能加上水压调节萃取速度，只能以咖啡粉的粗细来调节萃取速度。

如0.85mm粗的粉粒占整体的70%左右，这是大家公认为理想的手冲粗细度，但是实际操作中很难精准到这个粗细。所以通常磨到是半粒至一粒芝麻大小之间，找出自己想要的咖啡浓度和香味。

水的温度

萃取咖啡时，调节香气和味道以及浓度的另外一个重要因素就是水的温度。

使用热水和冷水比较一下溶化白糖的速度，可以明显看出在热水中比冷水中溶化的速度快。咖啡也如此，水温越高，咖啡所含的香气和味道等成分溶解出来的越多，其味道也很浓且苦味也增加。

反之，水的温度低，咖啡的香气和味道就淡，咖啡苦味也弱。

萃取咖啡最适合的温度为90～92℃。如果比这个温度高，咖啡所含的一些成分（例如咖啡因）因高温引起变化，苦味偏重，还有焦煳味。

90～92℃的温度，虽然是最适合萃取咖啡的温度，但也不是一定要在这个温度萃取。从萃取到结束，如果水温始终保持92℃，好味道和不好的味道可能会同时最大限度地萃取出来。所以，可以通过调整水温来萃取自己喜欢的咖啡。

依据萃取时间调整水温

决定水温时，先要考虑萃取时间。如果萃取时间短，其水的温度相对高点儿有利；相反，萃取时间长，其水温相对低点儿有利。萃取时间短，意味着萃取出咖啡中的不好的味道和杂味的时间也相对短。因此高温萃取也不会溶解出很多的杂味。反之，泡出杂味的时间相对也充分，苦味和木质味道等不好的味道很明显。因此决定水温之前首先要考虑的是个人的喜好及萃取时间。依据萃取时间，在80～90℃可以自由地变化。

根据手冲壶的材质调整水温

可以通过手冲壶材质的不同，调整水温。例如铜质的手冲壶导热性好，盛水很快就降温。使用铜质手冲壶萃取时，最先得出的咖啡是用很高的温度萃取出来的，其香气和味道很强烈，后期用相对低的水温萃取，所以这一部分萃取出来的咖啡味道比较淡。将前期强烈萃取的部分和后期相对弱萃取的部分混合在一起，其香气和味道好，苦味和杂味少，咖啡味道比较柔和。

根据咖啡新鲜度调整水温

咖啡中注水，热水将渗入多孔质的咖啡细胞组织内，同时往外排挤出烘焙时产生的气体。越是新鲜的咖啡豆，烘焙时产生的气体越多。萃取这样的新鲜豆，一般选择较低的水温即可。并且新鲜的咖啡豆，细胞内部的油脂尚未渗入烘焙时形成的多孔式细胞组织内，因此萃取咖啡将很充分。所以，萃取新鲜的咖啡豆，将选择80～86℃的较低水温。

放了很久的咖啡豆，其气体已经自然排出，且咖啡油脂成分填满了多孔质细胞构造中，因此不能充分萃取出咖啡，这种情况可以选择84～90℃相对较高的水温萃取。

调整咖啡的量

萃取咖啡时，一般1杯（120mL）使用10g咖啡粉，每增加1杯多加8g即可。就这样每增加1杯时，咖啡粉量的比率有变化，是因为滤杯的形状而来的。滤杯形状像漏斗，即使是加放10g的咖啡粉，展开咖啡的面积（圆形模样）并不能增至双倍。所以适当地减少咖啡量也能满足咖啡浓度。

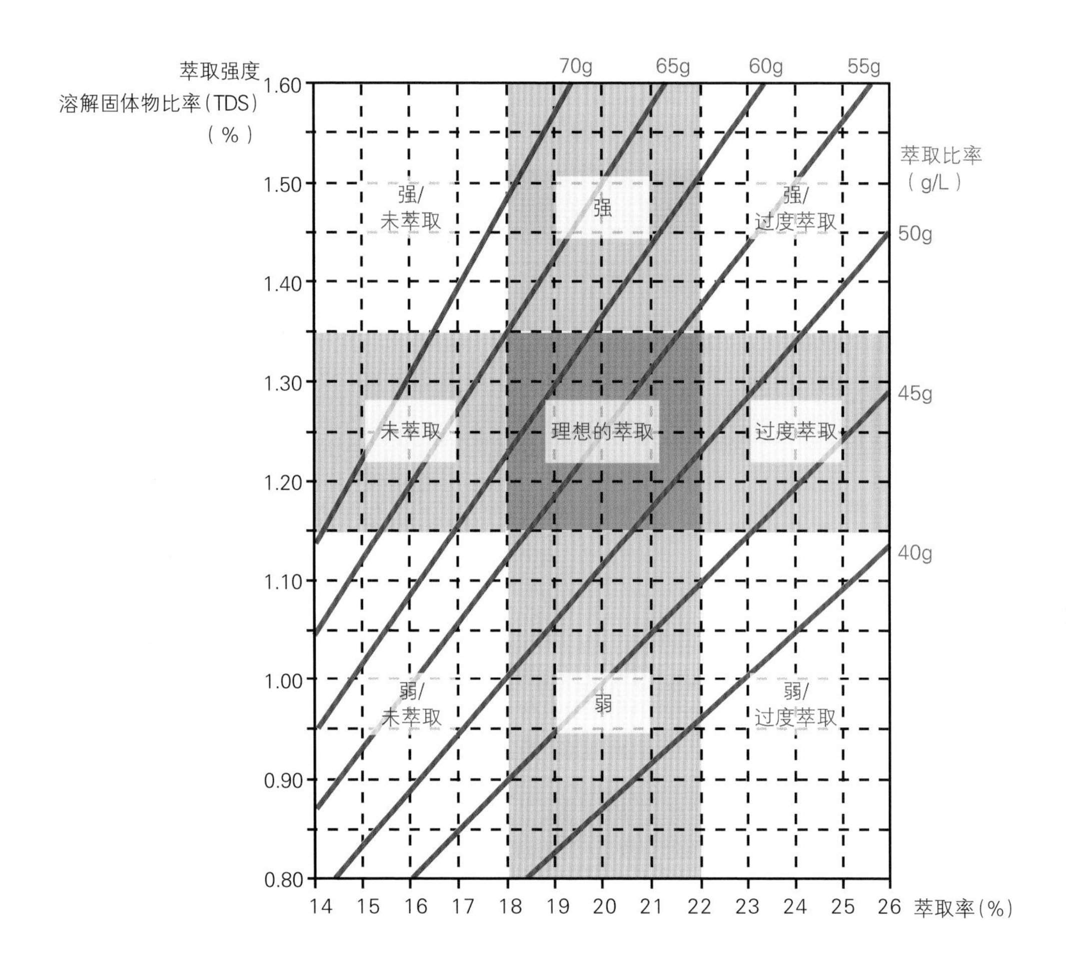

萃取咖啡比率一览表

Ted R. Lingle，*The Basics of Brewing Coffee*，Specialty Coffee Association of America.

根据SCAA的标准，放入咖啡的滤杯里注入热水溶解出来的萃取比率达到18%～22%时，可以视为理想的咖啡萃取浓度。以此推理，欲萃取1L的咖啡，要使用50～60g的咖啡粉就可以萃取出最理想的浓度（1.15%～1.35%）。

想要萃取1L的咖啡，如使用40g的咖啡粉，按照18%～22%的最佳咖啡萃取比率来计算，其浓度是0.8%～0.95%，会觉得很淡。如果调整咖啡细度或者延长萃取时间来满足咖啡浓度，就容易引起过度萃取，其味道也无法保障。所以想获得适当的咖啡浓度，就需要调整咖啡粉量。一般为满足理想的浓度，需要55～65g的咖啡粉。也就是说，萃取1杯（120mL）的咖啡使用6～8g就可以。

但是此条件的颗粒粗细标准是0.85mm。如果比这个标准粗一点儿的话，其萃取比率和浓度会下降，所以颗粒粗时要多加一点儿咖啡粉。反之，比标准细一点儿，其萃取比例和浓度会升高，随之咖啡粉量也可以微调少一点儿。另外，一次性萃取量多时，为避免过度萃取，咖啡粉量可以适当减少一点儿。

如果想将这些标准的理想数值套用在咖啡萃取上时，不能只考虑数值，也要考虑各种变数，要灵活地应对条件的变化。另外在最终的评价中，比达成目标数值还重要的是，感官评价是否为好咖啡。在这里我们要记住，好多民意调查中发现即使超出理想萃取范围（浓或淡），也会有很多人喜欢。

5

手冲咖啡的正确姿势

好多刚开始接触手冲的人，多多少少都有注水时手发抖、手腕受伤、肩膀酸痛、腰痛等现象，估计是手冲时，过于注重稳定的水流而引起的。如掌握好正确的姿势，则可以缓解肌肉紧张，而且姿势舒适，注水的水流也自然稳定。

工作台的高度——到腿的内侧胯下高度比较适合。

工作台的高度对保护腰和肩膀很重要。太低需要弯腰，而对腰有压力；太高需要抬高手臂，则要抬肩膀。工作台高度不合适的状态下长时间手冲，容易引起腰痛。

家庭或餐饮店的厨房做料理的工作台高度是80～95cm。这是普通成人女性适合工作的高度。但是在制作手冲咖啡时，因为有玻璃壶与滤杯的高度，如是一般的厨房工作台的高度，比较适合170～180cm高的成人男性。

如要专为手冲制作工作台的话，最适合的高度是从地面到人的胯部的高度，也就是60～70cm。这个高度注水时拿手冲壶的手臂不需要抬高，将减少肩膀酸痛、腰酸等现象。

脚的位置——保持身体重心平衡。

最基本的要点是固定脚的位置，要分散体重，保持身体重心平衡，使握住手冲壶的手避免过于使劲。尽量将人的身体接近滤杯，以观察咖啡的变化过程。

一般的手冲姿势

此类姿势一般身体重心过于倾向于前方，不适合长时间工作，但是身体与咖啡的视线近，可以使用视觉和味觉准确地判断咖啡的变化过程。

①尽量把玻璃壶放到与身体最接近的工作台边缘之处，缩短视线距离。玻璃壶要放到身体的中心位置。

②两腿要分开，且比肩窄一点儿，尽量靠近工作台。一只脚退到另一只脚的脚后跟的位置上，然后脚往外转约60°，使身体自然转向某一侧。

③手冲壶尽量贴近身体。

④轻轻低头，视线可以正对着玻璃壶，使得看清楚咖啡。

⑤没有握住手冲壶的另一只手支撑着手冲工作台，以稳住身体。

工作台高时的手冲姿势

在70cm以上的工作台上手冲，握住手冲壶的手臂需要抬高起来，容易感到肩膀酸痛、腰酸等。这种情况如按照下面的姿势操作就可以保持稳定的手冲姿势。不过若没有充分展开肩膀和腰部的状态下手冲，就容易感到腰痛。这种姿势使身体与玻璃壶的距离近，可以准确地掌握咖啡的位置，但是操作方式不熟练，握住手冲壶的手就容易颤抖。

①尽量把玻璃壶放到与身体最接近的地方，缩短距离。

②尽量靠近工作台，两脚自然地分开与肩同宽。

③在②的状态下用左手顶住工作台来支撑体重。

④右手握住手冲壶时，手把和手腕要成90°（如下页图）。

正确的手臂姿势

注水时，手颤抖或腰痛、肩膀酸痛，主要是握手冲壶的姿势不正确而引发的。握住手冲壶的手颤抖，与力气大小没有很大关系。如果姿势正确，即使力气小，也能拿起沉重的手冲壶，且不颤抖，还可以稳定的姿势进行手冲。

正确的姿势是手臂的腕关节与拇指在一条线上，其要点是整体上看从胳膊肘到手腕，拇指，手冲壶的出水口，这些尽可能在一条线上。这种姿势，不是用手腕而是用手臂整体做注水的动作（如图）。使用手腕可能会觉得更容易，但是长时间用手腕、肩膀用力过度会引起肩膀酸痛。

另外握住手冲壶时，尽量要注意不要过度紧握，握得太紧，肩膀肌肉容易紧张，因此手会颤抖，身体重心会失衡。如同轻轻裹住手把的感觉，不用很大力气，轻松握住就可以。

错误的握法

正确的握法

6

深度烘焙的咖啡萃取法

深度烘焙的咖啡（Dark Roasting Coffee）指的是烘焙阶段中第二爆后的法式或意式烘焙的咖啡。这种咖啡是为了享受强烈的苦味、苦中带出的甜味及持久的余韵，所以比较适合强烈萃取，如清淡萃取很难享受到其浓厚的质感。

萃取深度烘焙的咖啡时， 如浓度不充分，整体的质感会下降，而且与其他味道相比，苦味带有刺激感且很突出，还会有焦味。所以想要享受深烘咖啡持久的余韵，不妨选择一下浓厚的萃取。

咖啡的苦味不能除掉，也不能减少，但是属于何种苦味也很重要。有些苦味像仁丹或薄荷一样清凉，令人心情愉快，还有些苦味像抗生素或中药一样让心情糟糕。只有精心细调，才能萃取出让心情愉快的优质的苦味。

萃取深度烘焙的咖啡时，比较适合选择咖啡能聚集在滤杯中间，还能稳定萃取，而且可以形成厚厚的咖啡层让水通过的滤杯构造。使用美乐家（Melitta）、哈里欧（Hario）、法兰绒等滤杯就可以。

为萃取出更浓郁的香味，通常使用较多的咖啡量。增加咖啡量可以获得更多的咖啡成分，从而获取更浓郁的咖啡。作者在萃取120mL的咖啡时使用20g的咖啡豆。想要萃取更多的咖啡成分，还可以延长萃取时间（2.5～5分钟）。因为这样会使咖啡接触水的时间变长，就可以溶解出更多的咖啡成分。还有深度烘焙的

中度烘焙的咖啡

深度烘焙的咖啡

咖啡，其香味浓郁，可以提升质感的同时抑制苦味，通常是在低温下长时间进行萃取（80～82℃，2.5～5分钟）。

强调香味的萃取法

准备物

①水：因为萃取时间长，为减少刺激的苦味，使用80℃左右低温水。

②咖啡：使用20～30g的咖啡豆，磨成半个芝麻或一个芝麻粒大小的粗细。要依据味道调节粗细，磨得太细会带有刺激性的苦味，所以适当地磨粗一点儿。

③滤杯：使用Melitta或Hario的滤杯，使咖啡聚集在中间，水通过咖啡的距离长的滤杯可以萃取出味道较浓厚的咖啡。

咖啡成分溶解量最多的前期萃取部分要浓萃取，决定味道和醇厚度的后期萃取部分以正常的浓度进行萃取。这样前期的萃取比率高，更加强调了咖啡的香气，喝咖啡之后，口中残留下来的香气，让人深呼吸时久久地沉浸在咖啡的余韵中。但是这种萃取法因后期萃取相对较弱，含在嘴里会有针刺般的刺激感、口感也相对粗糙。

为使前期萃取部分更加浓郁，要慢速萃取。前期萃取中，事前萃取部分的第一滴萃取液滴落为止减慢速度强烈萃取，使香味最大限度地萃取出来。点滴（关于点滴请参照p156）或者注入少量水的方式，使第一滴萃取液在50秒至1分钟之内滴落。第一滴滴落之后大概2分钟内萃取出120mL，这时以常用的注水方式在咖啡表面均匀地注水。

在这里重要的是，要时时观察滤杯中滴水速度，要保持稳定的咖啡萃取速度。注水速度过慢而萃取液断断续续，则会有过度萃取现象；滤杯的水滴落速度过快，则会有未萃取现象。所以要使萃取保持稳定的速度，需要精心细致地萃取。

1. 水温调到80℃左右，用20～30g的咖啡豆萃取出120mL的萃取液。

2. 不做事前萃取，以点滴或者少量水分开注入的方式，用50秒至1分钟把第一滴萃取液萃取出来。

3. 从第一滴萃取液滴落之后就开始正常注水，后期萃取中注意不要过度萃取，整体萃取时间控制在3分钟内。

强调丰富味道的萃取法

准备物

①水：80℃左右的温水。

②咖啡量：使用20～30g的咖啡，磨成半个芝麻粒或一个芝麻粒大小的粗细。

③滤杯：使用Melitta或Hario的滤杯。

咖啡成分溶解量最多的前期部分要浓萃取，决定味道和醇厚度的后期部分也要较浓郁地萃取，这样可以享受既柔和又丰富的咖啡。

从前期萃取到萃的过程中前1/3的萃取量要放慢速度强烈萃取。不做事前萃取，以点滴或者少量的水，分开注入的方式，用50秒至1分钟把第一滴萃取液萃取出来，不要过度萃取。从第一滴萃取液到整体萃取量的1/3，要保持一致的注水速度。之后为避免过度萃取，要用通常的注水方式，与前期萃取相比相对快速萃取。完整的萃取过程应在3.5～4分钟结束。

前期萃取部分，强调丰富味道的萃取法与强调香气的萃取法相同，但是充当味道和醇厚度的后期部分要强烈萃取，这样才能感受到含在口中时的突出的质感。

1. 使用80℃左右的水萃取出120mL的萃取液。

2. 不做事前萃取，以点滴或者少量水分开注入的方式，用50秒至1分钟把第一滴萃取液萃取出来。

3. 整体萃取量的1/3之后的萃取使用通常的注水方式，注意避免过度萃取。整体萃取时间3.5～4分钟。

质感的香气
均匀萃取法

准备物

①水：使用80～85℃的温水。

②咖啡：20～30g的咖啡磨成半个芝麻粒或者一个芝麻粒大小的粗细度，虽然根据味道调节咖啡的粗细，但磨得过粗，萃取液相对淡而且醇厚度下降，且有针刺的感觉。

③滤杯：使用Melitta或者Hario等。

整体咖啡成分萃取量要均匀，香味较多的前期和醇厚度为主的后期要均匀地萃取出来。

注入与准备好的咖啡量相同的水，静置30秒左右进行事前萃取。事前萃取结束之后，每次用10mL左右，相对较少的水量冲出咖啡成分。时时观察玻璃壶网滴落的萃取液的速度，注意流速不要过快，也不要过慢。如萃取速度不一致，萃取液的苦味会有刺激感。在整体的萃取过程中速度要均匀，这样才能得出香气和质感均匀的萃取物。

整体的萃取时间是3～3.5分钟。

1. 以相对低的水温（80～85℃），使用20～30g的咖啡粉萃取出120mL。
2. 与咖啡量相同的水注入到咖啡杯，进行30秒左右的事前萃取。

3. 每次注入大约10mL的水，见到咖啡膨胀之后准备下沉时，如同用水冲下来咖啡成分的感觉慢慢地注水。第一次萃取量在50秒至1分钟之内完成。

4. 边观察萃取液的流速边注水。为了避免咖啡流速过快或者过慢，要好好调节注水点。

为什么要用点滴式？

手冲方法之中有一种叫点滴萃取法。为得出浓郁而有质感的好咖啡而使用的方法，也是较有难度的手冲技术。把手冲壶中新鲜的水一滴一滴地注入咖啡中，如同冲洗的感觉，这样可以强烈地萃取。因为注水速度很慢，萃取时间相对很长，随之萃取出来的咖啡也很浓。

点滴萃取法与注入适量的水等待0.5～1分钟的事前萃取法有点儿不同。通常在事前萃取中，咖啡成分进入溶化过程的同时，滤杯内部的温度会下降，这会影响咖啡的倾向性。点滴萃取法与之相反，它在萃取过程中渐渐地提升滤杯内部的咖啡温度，所以萃取咖啡变得更加顺畅，味道也很丰富。点滴萃取法，第一滴滴落需要1分钟左右，其实这段时间已经包含事前萃取。如果在这里把事前萃取的30秒再加上去，整体的事前萃取时间将会很长，所以免去了事前萃取的过程。

好多人练习这样的点滴萃取法时，只顾着拿手冲壶训练一滴一滴的滴落法，不怎么考虑点滴法与咖啡量的关系。在通常的事前萃取中可以看出，10g左右的咖啡中注入10mL以上的水，滤杯中开始滴落萃取液。当然20g的咖啡就得用20mL以上的水，滤杯中才能滴落咖啡。以此可以判断，咖啡量与水量有密切的关系，随着咖啡量的变化，其注水方式也在变化。

假设在20g的咖啡里一滴一滴地注水，大约1分钟后得出第一滴萃取液。如果在30g的咖啡中与之相同的速度注水，那么得出第一滴萃取液需要1.5分钟左右。这两种情况得出的咖啡萃取液应该理解为各自不同的咖啡。从萃取人的立场上考虑，两者都用点滴的方式，同样的速度萃取出来的咖啡，认为其萃取物应该是相同的。但是仔细分析就知道，实际上后者是属于注水速度慢而过度萃取的状态。

之所以练习点滴萃取法时，练习一滴一滴的滴落法并不是很重要，更要注重的是第一滴萃取液滴落的时间一致的训练，这样才能得出每次味道相同的咖啡。

例如10g咖啡里点滴，要很慢的速度一滴一滴滴落，如果使用更多的咖啡量，要加快点滴的速度来调节滴落第一滴萃取液的时间。反复这种训练，将会得出萃取液始终相似的好咖啡。大体上第一滴滴落的时间有5秒左右的误差时，就能分辨出味道的差异。

10g咖啡粉上点滴
1分钟的滴水速度

30g咖啡粉上点滴
1分钟的滴水速度

7

浅度烘焙的咖啡萃取法

浅度烘焙的咖啡（Light Roasting Coffee）是指烘焙阶段中第一爆到第二爆之前的烘焙度，也就是指肉桂到城市烘焙。

浅烘焙主要是为了享受咖啡生豆所含的多样的香味。也就是说，减少深烘焙时形成的咖啡香味，更加突出生豆自带的特性。所以选择浅烘焙咖啡的要点就在生豆的新鲜度以及生豆所含的丰富的香气。基本上，越是高级的咖啡市场或生豆，就越容易接触到浅度烘焙的咖啡。

浅烘焙咖啡

深烘焙咖啡

浅度烘焙的咖啡，其咖啡细胞组织还没有充分膨胀，且协助萃取咖啡的毛细管还没有充分形成。所以酸味较突出。如用通常的萃取法，可能无法充分体现好味道。在基本的萃取法上加上几种变化的过程，才能得出更有风味的好咖啡。

抑制强烈酸味的萃取法

准备物

①水：90℃的高温水。

②咖啡：10g的咖啡粉大约萃取出120mL咖啡，研磨成半粒芝麻大小的粗细。

③滤杯：使用卡莉塔（kalita）滤杯。

使用10g的咖啡粉萃取120mL时，先萃取60mL之后再加上60mL左右的水就可以。在90℃左右的高温下萃取。研磨咖啡相对细一点儿，使之突出香味和苦味以及醇厚感。

浅烘焙咖啡磨得很细，其萃取速度也很慢，再加上烘焙过程中咖啡细胞组织还没有充分膨胀而其细胞组织内部几乎没有空隙，因此咖啡很难浮在水面而容易下沉，随之妨碍咖啡萃取。就因为这样，如果使用通常的萃取方式萃取出目标量，那么就因萃取速度慢而引起过度萃取，从而苦味、木质味道等杂味变得强烈。为了抑制杂味，先萃取整体萃取量中体现最好味道的50%部分，剩余部分以水来补充。

1. 进行30秒左右的事前萃取。

2. 使用一般的注水法分次注水。

3. 先萃取整体萃取量的50%。

4. 剩下的萃取量用水来补充，不要使用手冲壶中剩下的水，直接加更热的90℃水较好。

更加柔和味道的萃取法

准备物

①水：90℃左右的高温水。

②咖啡：两杯量标准萃取240mL，使用24～30g的咖啡豆，研磨度为芝麻粒大小。

③滤杯：使用萃取速度快的圆锥形滤杯，Hario比较适合。

使用12～15g的咖啡豆萃取出120mL咖啡。为抑制酸味，使用90℃左右的热水，为加快萃取速度，研磨度相对粗一点儿，大约是芝麻粒大小的粗细度。因为萃取速度快，咖啡相对会淡，为弥补这一缺点，咖啡量要增加，120mL萃取量使用12～15g的咖啡粉。

使用萃取速度相对快的哈里欧（Hario）或者卡莉塔陶瓷滤杯等器具 。哈里欧滤杯内侧的沟槽可以充分保障流水的空间，所以注水不需要很细心也能冲泡出始终一致口味的好咖啡。卡莉塔陶瓷滤杯或者波浪型滤杯的流水也很顺畅，可以冲泡出淡雅柔和的咖啡。

1. 进行30秒左右的事前萃取。

2. 事前萃取之后滤杯内快速注满水，使滤杯内水的重量感加重，加快萃取速度。

3. 整体萃取时间控制在1分10秒至1分20秒。

清淡柔和味道的萃取法

准备物

①水：大约90℃的高温水。

②咖啡：两杯量标准萃取240mL，使用20～24g的咖啡豆，研磨度为芝麻粒大小。

③滤杯：使用萃取速度快的圆锥形滤杯，Hario比较适合。

通常为充分萃取咖啡，先进行事前萃取之后再进入正式萃取。但是浅度烘焙的咖啡豆，有时进行事前萃取，整体的萃取时间变长，咖啡会有令人不愉快的木质味道或有酸味突出的倾向。为避免这种现象，刻意地取消事前萃取，直接进入正式萃取，以使咖啡清淡柔和。

省略事前萃取过程，直接连续注水的同时精心细致地调节一下注水速度和流水速度。要注意的是注水速度过快，注水量过多，容易出现未萃取现象。整体萃取时间控制在1.5～2分钟，就能得出清淡柔和的咖啡。

1. 省略事前萃取，不停地补充注水。这样能得出清淡的咖啡，会减少酸味和木质味道。

2. 整体萃取时间控制在1.5～2分钟。

留在滤杯上的咖啡粉呈现什么样的状态才好?

滤杯是漏斗形状，其壁面也能形成萃取，因而扩大了咖啡萃取面积。

滤杯中放入咖啡粉注满水，咖啡就会浮在水面，随着水慢慢滴落下来，浮在水面的咖啡就与水一起贴到滤杯的壁面上去。随之咖啡粉自然而然地会残留到滤杯的壁面上。

过于贴到滤杯壁面上注水，咖啡粉就会冲击壁面，这样咖啡细粉容易堵住滤纸的细孔，滤杯壁面就无法顺畅地形成萃取。这种情况，咖啡萃取液只有在滤杯的底部，在重力的作用下，才能滴落下来。因此其萃取后的滤杯样态是平平的。而且因萃取速度慢，会形成苦味及木质系列的杂味。

滤杯上注水量多时，滴水之后的咖啡样态。

滤杯上注水量少时，滴水之后的咖啡样态。

滤杯壁面上注水，而滴水不顺畅时的咖啡样态。

8

咖啡店的手冲方法

在咖啡店，不能总是同一个人在制作咖啡，总会有员工变动，再加上员工之间的差异等原因，很难始终保持一致的咖啡味道。这是经营咖啡店的老板们共同的烦恼。对咖啡店来说，给顾客提供始终如一的好咖啡是很重要的一个原则。对咖啡师来说，那一杯可能是他所制作的几十杯咖啡之一，但顾客则不同， 顾客是以自己点单的咖啡来判断咖啡店。随之，一点点的失误也能成为顾客给予差评的原因。所以通常咖啡店都有店内制作标准，按照标准进行萃取，尽力给顾客提供始终如一的好咖啡。

作者推荐的咖啡店内手冲方法如下：首先在事前萃取中最大限度地萃取出咖啡成分。其次，快速注水，使水流快速通过咖啡，抑制浸水时间长而带出的杂味，注水略有滴落马上再补充注水。这样刻意地控制后半部的萃取法，有杂味少的优点，但是醇厚度相对弱，缺乏强烈的口感。

其实这种手冲方法比较特殊。因为这种方法不是注重注水方式，而是注重调整注水量和时间。如同上述，注水量和注水时间是决定咖啡味道的重要因素。如果手冲咖啡的味道很难保持一致，可以通过把注水量和注水时间做标准化来稳定咖啡萃取的味道。

推荐适合咖啡店的萃取法

准备物

①水：82~88℃，烘焙只有1~2天的咖啡用82~83℃水，烘焙1周内的咖啡用85~87℃水。

②咖啡：一人份大约12g，第二份开始每份加放8g，以便快速流水，研磨刻度调整为芝麻粒大小。

③滤杯：卡莉塔滤杯。

1. 事前萃取：准备好的咖啡粉里注入同等量的水。也就是20g的咖啡粉中注入20mL的水，尽量用水浸透咖啡粉，但不能滴落。进行30秒左右的事前萃取。

2. 第一次注水：以圆珠笔粗细的水流，在滤杯的中心部位强有力地注水。这样水流会边拨开咖啡粉边往里进，同时咖啡粉浮在水面。滤杯上水量达到70%以上时，水流粗细缩小一半之后，滤杯上画着圈再注入2~3次，以使咖啡均匀搅匀。在这种过程中水会浮到滤杯的边缘。注水时不要紧贴着滤杯边缘，最好是离滤杯边缘间隔5mm左右注水。

3. 再次注水：滤杯里的水量较多，水滴落的速度也快。因在滤杯的边缘间隔5mm处注水，滤杯里的水逐渐滴落之后边缘会形成槛。边槛的高度差不多3mm时再次注入水2~3次，画着圆圈注入，搅匀咖啡。
4. 这样注入4次水，萃取结束。

5. 达到想要的萃取量后，从玻璃壶上拿下滤杯，以免过度萃取而形成不好的味道。之后确认一下萃取后剩余的咖啡渣滓的样态是否均匀地残留到滤杯壁面上。如果注水不匀，咖啡渣滓的样态有可能是平平的，或者壁面厚度不均。如果是这样，注水要更加细致。

Part 4

浓缩咖啡

1

何为浓缩咖啡

浓缩咖啡（Espresso）是指将研磨得很细的咖啡粉，用高温热水及高压，在短时间内萃取少量咖啡。7~8g的咖啡粉，使用88~92℃的水温，加上9Pa的压力急速萃取出25mL左右的浓缩咖啡。一杯成功的浓缩咖啡表面一层呈现出金黄色的细腻的油脂沫，这油脂酷似奶油，意大利语称之为克丽玛（Crema）。

浓缩咖啡需要急速加压，所以必须借助浓缩咖啡机（Espresso Machine）才能萃取出来。使用咖啡机，较容易萃取出口感一致的咖啡。此外，浓缩咖啡加入牛奶、糖浆以及各种辅料可以制作出多种多样的咖啡饮品。有浓缩咖啡机就不需要很多其他设备上的投资也能做出很多菜单，就因有这样的优点，以浓缩咖啡及应用浓缩咖啡做出来的菜单为主的咖啡店逐渐增多。并且浓缩咖啡的萃取速度很快，顾客不需要等待很长时间，更不用提前萃取，随点随磨，因而能给顾客提供口感最佳的咖啡。

萃取浓缩咖啡时，咖啡研磨得很细，这是为了尽可能地扩大咖啡与水接触的面积，最大限度地萃取咖啡成分。通常所用的咖啡粉比面粉粗一点儿，比白糖细一点儿。水温越高，咖啡成分溶解得越多，因而使用88～92℃的热水会萃取出浓郁的咖啡。

加压萃取浓缩咖啡，主要是为了短时间内萃取，抑制不好的味道产生。因为咖啡粉如面粉般细腻，如果没有压力，热水很难通过咖啡粉，萃取时间拉长容易形成过度萃取而产生不好的味道，所以加9Pa的压力来缩短萃取咖啡时间。

还有想获得高品质的香气和味道，就得在萃取浓缩咖啡之前现研磨咖啡豆。如果想要品尝最佳的味道，那么就应该在萃取之后1~2分钟内喝上为好，因为刚刚萃取出来的浓缩咖啡是尝咖啡最佳的温度，若这时饮用，可以享受到口感最佳的咖啡，也是为了阻止因空气接触引起的咖啡氧化。

何为成功的浓缩咖啡

下页表格是评价浓缩咖啡萃取好与坏的标准，这些数值是久经科学论证之后得出的一个标准。

用88℃的热水、9Pa的压力萃取出1杯25mL的咖啡，假如完全按照这种标准萃取，就能断定是好的浓缩咖啡吗？即使味道一般也能认为是好的浓缩咖啡吗？

先仔细了解一下提示的标准，就会发现其中问题的头绪。（7±0.5）g标准的意思是，可以使用6.5g也可以使用7.5g。同样，萃取压力的标准是（9±1）Pa，也就是说8Pa、10Pa都可以。一般参照标准是，20%的误差可能显得很大，其实这个标准误差的真正含义就是萃取咖啡时不要被标准所困。在误差范围之内可以自由萃取，只要萃取出来的咖啡好喝，就是意味着萃取成功。最重要的萃取标准不是数值，而是萃取物的质量。

意式浓缩咖啡的定义（出自意大利国立浓缩研究所INEI）

咖啡量	（7±0.5）g
水温	（88±2）℃
喝咖啡的适合温度	（67±3）℃
萃取压力	（9±1）Pa
萃取时间	（25±2.5）s
黏度	45℃>1.5mPa·s
总脂肪含量	2mg/1mL
咖啡因含量	100mg/杯
一杯中包含的油脂量	（25±2.5）mL

浓缩咖啡也是我们喝的饮品之一。饮用时首先含在口中，感受它的香气和味道来优先判断是否萃取恰好。因此分析和评价浓缩咖啡时，需要动员视觉、嗅觉及味觉等所有感觉器官。

首先在视觉上，要评价克丽玛的色泽、质感以及持续性。克丽玛的色泽在浅褐色与深褐色之间为好，要均匀地形成小或者偏大的油脂沫。但是油脂沫大也不能像蟹沫一样不均匀，那很有可能萃取过程中有失误。克丽玛的持续性评价是3~5mm厚度是否能持续0.5~1分钟。为更容易地判断克丽玛的厚度，可以使用咖啡勺拨开油脂目测厚度。

嗅觉上可以判断香气的好坏。好的香气可以是烘焙时形成的烤面包的香气，也可以是巧克力香以及生豆自带的花香与水果香等。生豆陈旧、保管不善以及流通时产生的问题等，这种情况萃取出来的浓缩会有干草味，陈旧的花生豆味、草味、烂花味、臭水味、湿黄麻等味道。烘焙时排气不畅或者深烘烤焦时，会有烟味或者在洗手间吸烟时散发出来的烟臭味。另外，烘焙搁置时间长而陈旧的咖啡豆，因香气变质而散发出油浸的味道或者烟灰的味道。

评价味觉时，要注重甜味、苦味、酸味的协调性，不能让其中某一个味道主导其他味道。成功的浓缩咖啡，可以品尝到复杂又融合的味道。

不仅仅是味道，在口中质感的感受也很重要。经过恰好的烘焙，再加上成功的浓缩萃取，就不应该有涩味，整体上还能感受到细腻而柔和以及恰当的质感。

这样的香气、味道和质感融合的浓缩咖啡，喝了之后应该让人久久地沉浸在其余韵中。这种余韵的持续性与咖啡的浓度有着直接的关联。精确萃取的浓缩咖啡，其浓度很浓郁。

这样浓郁的浓缩咖啡，在口中留存的时间很长，每一次呼吸都可以感受到浓郁的咖啡香气，每一次咽下口水也会享受到其甘甜的余韵。

一杯好的浓缩咖啡让人着迷，也让人沉浸在幸福之中。但是在咖啡店里，咖啡师无法品尝萃取出的每一杯咖啡，端给顾客的咖啡更是无法品尝，所以一般在咖啡店内都会制订一个萃取标准。如果充分按照其萃取标准来操作，一般可认为是好的咖啡。

比如，大多数人公认的好的浓缩咖啡应该是每秒萃取1mL的比例萃取出来的，那么萃取25mL的咖啡大概需要25秒。还有测定浓缩咖啡的量一直是包含克丽玛的状态。为满足这几种标准，可以选择使用量杯与秒表等工具。

受过训练的咖啡师或者长期酷爱咖啡的人，只要一品尝浓缩咖啡就能够判断出其好坏。如果缺乏训练者或者评价味道没有信心者，可以凭借科学的咖啡品鉴标准来判断，这也是一个好的办法。

判断优质浓缩咖啡的基本标准

浓缩咖啡是否优质，品尝就可以知道，但是我们无法尝遍萃取的所有咖啡。因此非常有必要制订一个判断优质咖啡的标准。按照这个标准萃取咖啡，品尝咖啡来界定优质的咖啡味道，使用下面表格上的标准应该会有所帮助。

意式浓缩咖啡的判断标准

		未萃取/淡萃取	好的萃取/正常萃取	过度萃取/萃取过浓
视觉分析	色泽	淡褐色	红褐色，带有虎皮纹状	深褐色，红木色
	克丽玛质感	薄而大的沫	3~4mm的厚度，小而均匀的沫	薄或者中间有小孔
	克丽玛持续性	立刻消失（持续时间1分钟以内）	稠密（持续时间很长）	立刻消失（持续时间1分钟以内）
嗅觉与味觉的分析		质感弱 味道淡 香气少	质感厚重 味道与香气很均匀 味道持续时间很长	味道强烈 有刺激性的香气 香气少 味道持续时间很长
原因分析	咖啡量	6g以下	7g	7g以上
	水温	88℃以下	90℃	92℃
	萃取压力	9Pa以上	9Pa	9Pa以下
	研磨刻度	粗	细	过于细
	萃取量	25mL以下	25mL	25mL以上
	萃取时间	20秒以下	25秒	35秒以上

与浓缩咖啡相关的小常识

为何必配咖啡勺?

在品尝浓缩咖啡时，通常都配上咖啡勺、砂糖和水。

浓缩咖啡是利用热水和压力萃取出来的，所以水中溶解出的成分不仅是水溶性成分，还有一部分是油溶性成分。水溶性成分相对密度大，以液体的形态存留在咖啡的底部，油溶性成分以泡沫的形态浮在表层。泡沫形态的成分就是克丽玛，将影响香气、厚度、质感的诸多成分都溶解于此。在浓缩咖啡底部的水溶性成分中包括舌尖上能感受到的各种咖啡成分。也就是说，克丽玛决定着咖啡的香气，萃取液决定着咖啡的味道。

如不搅匀浓缩咖啡，就可能品尝到水溶性成分和油溶性成分分层的味道。

饮用浓缩咖啡之前，应将油脂和液体搅匀或者轻轻摇晃之后再饮用，那样才能享受到既丰富又协调的味道和香气。所以咖啡勺是必配餐具之一。

浓缩咖啡要配砂糖吗?

浓缩咖啡中放不放砂糖纯属个人的喜好。但是一边观赏丰富浓郁的克丽玛上放入的砂糖慢慢沉入的状态，一边想象着咖啡丰富的味道，也是一个很幸福的瞬间。

另外，利用砂糖可以观测克丽玛的丰富程度。在克丽玛上慢慢地放入一勺砂糖，要注意不要破坏克丽玛。如果砂糖没有直接下沉，在克丽玛的上面持续2~3秒钟之后，再慢慢地从边缘开始沉入，就可以看成丰富浓郁的克丽玛。

放入砂糖可以减少咖啡的苦味，同时突出被苦味遮住的酸味，这样咖啡整体的感觉显得很高贵。此外，砂糖还能使质感柔和，可以说是咖啡的好助手。

克丽玛越多越好吗?

克丽玛的厚度与持续时间是与咖啡的新鲜度有着直接的关联。克丽玛越丰富，咖啡越新鲜的可能性很大，因为咖啡中留存的气体越多，克丽玛也越多。萃取烘焙不久的咖啡豆，其克丽玛非常多，可惜这种克丽玛持续时间短，很快就会消失。尝试这样的浓缩咖啡，舌尖上的那种刺激感犹如喝碳酸饮料。那是因为烘焙咖啡豆时产生的气体被水溶解而带出的涩味和刺激的味道。

克丽玛是萃取之后在稳定的状态下，不超过3~5mm时味道呈现最佳的状态

所以不能盲目地追求新鲜的咖啡，应该选用保存良好的咖啡豆。使用烘焙后2～3周以内的咖啡，在隔断阳光与空气的状态下，自然排放出气体的咖啡才能萃取出优质克丽玛。当然这也根据烘焙程度有所差异。

克丽玛是萃取之后在稳定的状态下，不超过3~5mm时味道呈现最佳的状态。

浓缩咖啡一定要拼配吗?

浓缩咖啡是萃取咖啡的方法之一。不管任何咖啡，只要是使用浓缩咖啡机萃取出来的都可以称之为浓缩咖啡。不管是单品豆还是拼配豆、浅度烘焙还是深度烘焙，只要能萃取出好味道，与此无关。也就是说，没有规定非要使用什么样的咖啡豆。

浓缩咖啡机大部分具备萃取好咖啡的必备条件，所以无论使用任何咖啡豆，都可以萃取出其最佳的味道。但有一点我们要留意的是，浓缩咖啡机在进行最佳的萃取时，最大限度地溶解出好的咖啡成分的同时，不好的成分也同样最大限度地萃取出来。因此要选择无瑕疵的好生豆非常重要。如果使用有瑕疵的生豆，如上所述，其缺点也能最大限度地呈现出来，甚至令人反感。

所有的咖啡豆都有各自的特点，因此萃取浓缩咖啡时，与单品豆相比，选择混合各种单品豆做的味道丰富协调的拼配豆的情况较多。

意式浓缩咖啡与美式浓缩咖啡

目前我们能容易接触的浓缩咖啡有意式和美式两种。它们按照历史、地理背景和原料的供应而区分，得出饮品的过程也有一定的差异。

意式浓缩是中度烘焙为主，为强调厚度通常加入罗布斯塔豆，因此其质感非常柔和。例如针对直饮意式浓缩咖啡的人群、制作卡布奇诺等饮品，总之最近的趋势是根据饮品的需求调节研磨刻度和萃取速度。

美式浓缩咖啡有着深度烘焙的倾向，而且基本上使用100%阿拉比卡豆。浓缩咖啡与直饮相比，较注重添加牛奶的花式咖啡，因此比较重视压粉。

并不能说哪一种浓缩更好。更重要的是根据各自的最终被消费的饮品形态与目的来烘焙咖啡，选择最适合的萃取方法。

2

浓缩咖啡机与磨豆机

浓缩咖啡机各部位名称与作用

温杯盘（Cup Warmer）　放入杯子加热的盘。

冲煮头（Group Head）　安装手柄之处。从咖啡机供给热水进行萃取的装置。

手柄（Porta Fliter）　装入咖啡粉，装置在冲煮头的器具。

冲煮按键（Doser Button）　通过按键，热水经过冲煮头供给到手柄。按键可以设定萃取量。

蒸汽管手把（Steam Lever）　拉起手把就出来锅炉内部的蒸汽。

蒸汽管（Steam Wand）　通过蒸汽管手把运作，是出蒸汽的管。主要用于加热牛奶。

热水出口　使用锅炉内部热水的装置。

双压力表（Dual Gage）　提示萃取压力和锅炉内部压力的装置。主要是为了确认咖啡机是否正常运作。

水位确认窗　确认锅炉内部水位是否正常。

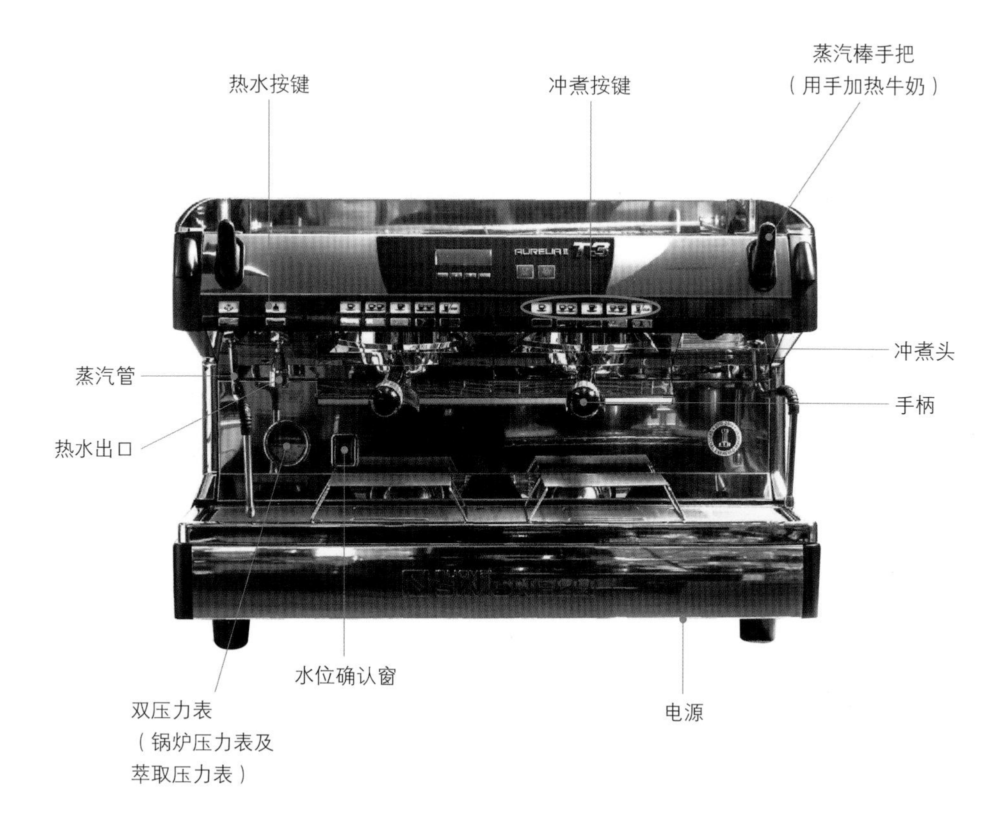

浓缩咖啡机各部位名称图

浓缩咖啡用磨豆机结构名称与作用

浓缩咖啡机配用的磨豆机，非常符合浓缩咖啡的特点，它可以精确地调节咖啡的粗度。

盛豆器（Hopper） 是装入咖啡豆的容器。使用后定期用专用清洗剂来清理咖啡油分，这样可以消除被氧化的咖啡油味。

刻度调整器（Collar） 调节粉碎刻度。

分量器（Doser） 通过拉杆，定量的咖啡粉落到手柄的装置。依据需求使用者可以设定咖啡量。

手柄支架（Fork） 搁置手柄之处。

磨豆机部件名称图

分量器结构图

（分量器是定量咖啡粉的装置）

3

浓缩咖啡萃取过程

浓缩咖啡的萃取要经过如下几个过程。

1. 擦净水分 从冲煮头卸下手柄擦净粉碗中的水分。粉碗中有水分，可能会出现不必要的事前萃取，所以需要用干抹布擦干水分。

2. 磨豆（Grinding） 粉碎萃取所需的咖啡量。也有提前粉碎后使用的咖啡店。

3. 装粉（Dosing） 所需的咖啡量装入手柄里。

4. 布粉（Grooming） 利用手或者道具抹匀粉碗里的咖啡粉。

5. 压粉（Tamping） 在抹匀的咖啡粉上利用一定的力量压粉，使咖啡密度均匀。

6. 萃取之前放水（Draining） 为清除冲煮头上的咖啡渣滓，下降冲煮头的温度，萃取之前需要放水。

7. 安装手柄 把手柄扣在冲煮头上准备萃取。

8. 萃取 冲煮头上安装手柄的同时按萃取键，再拿备好的杯子接咖啡。

9. 结束萃取 萃取结束之后，将冲煮头上的手柄卸下来，把粉碗中的咖啡渣扔掉。

上述内容中，影响咖啡味道和萃取的重要过程是磨豆、装粉、布粉、压粉。

在这些萃取过程中，再仔细了解一下必须要考虑的要点。

粉碎浓缩用咖啡（Grinding）

首先把咖啡研磨成细粉。这个过程对浓缩咖啡的味道起着决定性的作用。咖啡粉磨得越细，咖啡与水接触的面积就越大，咖啡内成分也容易被水溶解出来，还有咖啡粉末之间的密度很高，水流速度变慢，因而萃取出的浓缩液相对浓且苦味重。

咖啡磨得越粗，与水接触的面积就越小，咖啡成分不能充分溶解出来。而且咖啡粉之间的空隙相对松，水流速度也变快，这种情况萃取出来的浓缩液相对较淡，反而被苦味遮盖住的酸味突出。

根据萃取条件与萃取环境，浓缩液萃取速度随时都会有变化。因而需要不断地确认萃取时间，调整咖啡粉刻度。在咖啡店里，整天一直在萃取咖啡时，需要每3小时确认一下萃取速度，再调节研磨刻度。

装粉（Dosing）

确定好粉碎刻度之后，为了进行萃取，把咖啡粉装入手柄的粉碗里。如果装粉不均匀，萃取时容易出现某一部位集中萃取出来的偏萃取（Chaneling）现象。这种偏萃取现象一粗心就容易被忽视，所以要特别留心。

手动磨豆机上，通常都有便于定量装粉的分量器。通过分量器装粉，难免遇到咖啡粉集中到粉碗中央或者偏装的情况。使用全自动磨豆机也容易落到粉碗的中央部位。即使使用勺子一勺一勺装入也有类似问题。

就这样装粉不匀的咖啡，如果是直接压粉，粉碗里的咖啡就会出现密度不匀的现象。先从流水的特性来讲，优先流向密度低的地方。也就是说，与高密度之处相比，水流容易从密度低的地方先流。如果密度低的地方流水集中，就会出现偏萃取现象，这种偏萃取现象只要一发生，一直持续到萃取结束。这样萃取出来的咖啡，整体上萃取不均匀，可以说只在密度低的地方萃取出比正常量多的咖啡，所以应该是比正常萃取出的浓缩咖啡，其浓度偏低。

另外，因重力和密度之差，就算利用分量器装粉也不一定每次都是同样的量，所以为了使咖啡粉密度均匀，一般均匀装粉和均匀布粉并行。

均匀装粉（Distributing）

均匀装粉是为防止因咖啡密度不均而产生的过度萃取。咖啡粉从分量器上落入粉碗时，把手柄一边旋转一边接咖啡粉就能减小密度之差。

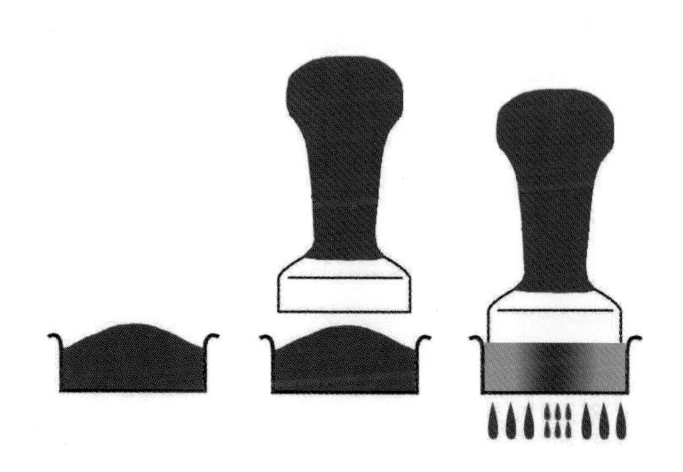

装粉不均时因密度之差会发生偏萃取现象

表面布粉（Grooming）

即使细心均匀地装粉，粉碗里的咖啡粉也不能完全均匀地分布，所以需要用手或者利用道具来均匀地布粉之后再进行压粉。这样可以减少粉碗里咖啡粉之间的空隙和密度之差。随之能更加稳定地萃取出咖啡。

表面布粉时也可以利用道具，如果只是单方向地刮粉，起始点和结束点会有粉量差异。刚开始粉量少，越往后越多，所以易产生密度之差。

如果不是受过充分训练的人，利用道具布粉反而更容易出现偏萃取现象，所以最好使用人的感觉器官中最敏感的手指来表面布粉。

表面布粉过程中，常用的方法是东西南北法。将手立成45° 左右，利用手指背面刮出咖啡粉。这样可以多方向地推送咖啡而达到均匀布粉的目的。

利用道具表面布粉——错误的方法和正确的方法

东西南北布粉法

压粉（Tamping）

压粉是指把粉碗里的咖啡粉，先均匀布粉之后再利用粉锤添加压力的动作。

通过压粉，粉碗里的咖啡粉密度和强度变得均匀，可阻止偏萃取。

压粉之后冲煮头上的滤网与咖啡粉饼之间产生一定的空间，这个空间被咖啡机本体上的热水填满之后才能增加压力，所以第一滴萃取液较缓慢滴落。这可以确保事前萃取的时间，从而可以得出更好的咖啡。

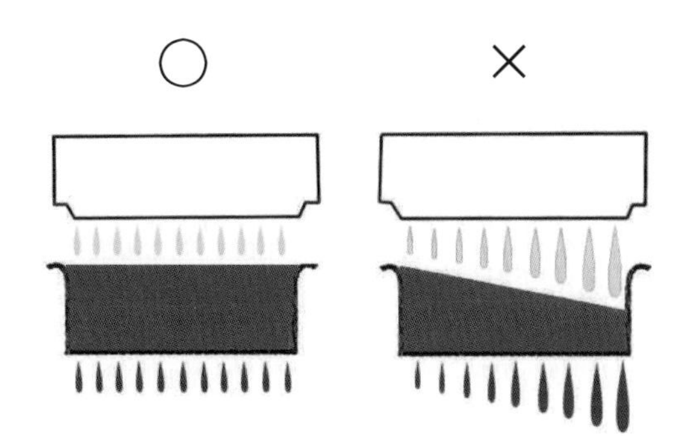

压粉时粉面不平会产生密度之差，而容易形成偏萃取

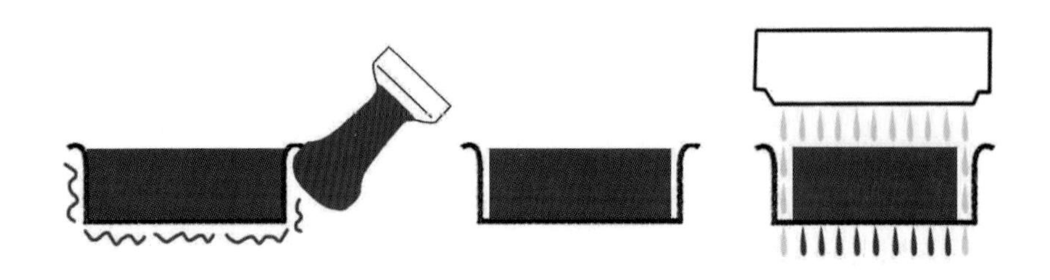

若用粉锤轻轻侧敲手柄，粉碗壁面和咖啡之间形成隔层，从而隔层会有漏水现象

大部分人认为压粉的强度并不重要。假设人的压粉强度是20kg，9Pa的压力对水形成的力度相当于人的10倍。所以人的压粉强度再大，其影响并不是很大。即使很紧密地压粉， 一接触到热水就会体积增大，无法维持紧密的状态。就像手冲时的事前萃取，注水后咖啡体积立刻增大的道理是一样的。以此推论，压粉时的压力与咖啡味道没有多大关系。

压粉时要注意粉碗里的咖啡粉表面要保持水平。压粉偏，咖啡粉厚度不均，萃取时容易出现偏萃取。因此比起压粉的力度，其实更重要的是保持粉面的水平。

传统的压粉方式可分3个步骤。首先，轻轻地进行第一次压粉；其后，为了清除粉碗壁面残留的咖啡粉，用粉锤轻轻侧敲（Tapping）；最后，重重地进行第二次压粉。近几年来压粉的目的是为了保持粉面水平，随之压粉过程减少化也成了趋势。其中最突出的建议就是取消侧敲（Tapping）步骤。因为侧敲会形成粉碗壁面和咖啡粉之间的隔层，这样更容易出现偏萃取现象。

另外，从装粉到压粉的过程需要快速进行。通常手柄是扣在冲煮头上一直处于很热的状态，所以粉碗里的咖啡粉受热时间长，会影响咖啡的香气和味道。如果有机会可以尝试比较一下，轻轻地只压一次的咖啡和经过3～4次精心压粉的咖啡，经过简捷压粉过程的咖啡明显呈现突出的香气和丰富的酸味。

压粉时的姿势

比起压粉的强度，更重要的是其准确性，所以减少不必要的动作，尽量选择准确的动作。

只有这样才能预防手腕受伤，也能保持一致地压粉。

握压粉锤

握压粉锤时，以手腕为中心，拇指与胳膊呈一条线为好。这样的姿势会缓解手腕上的压力。

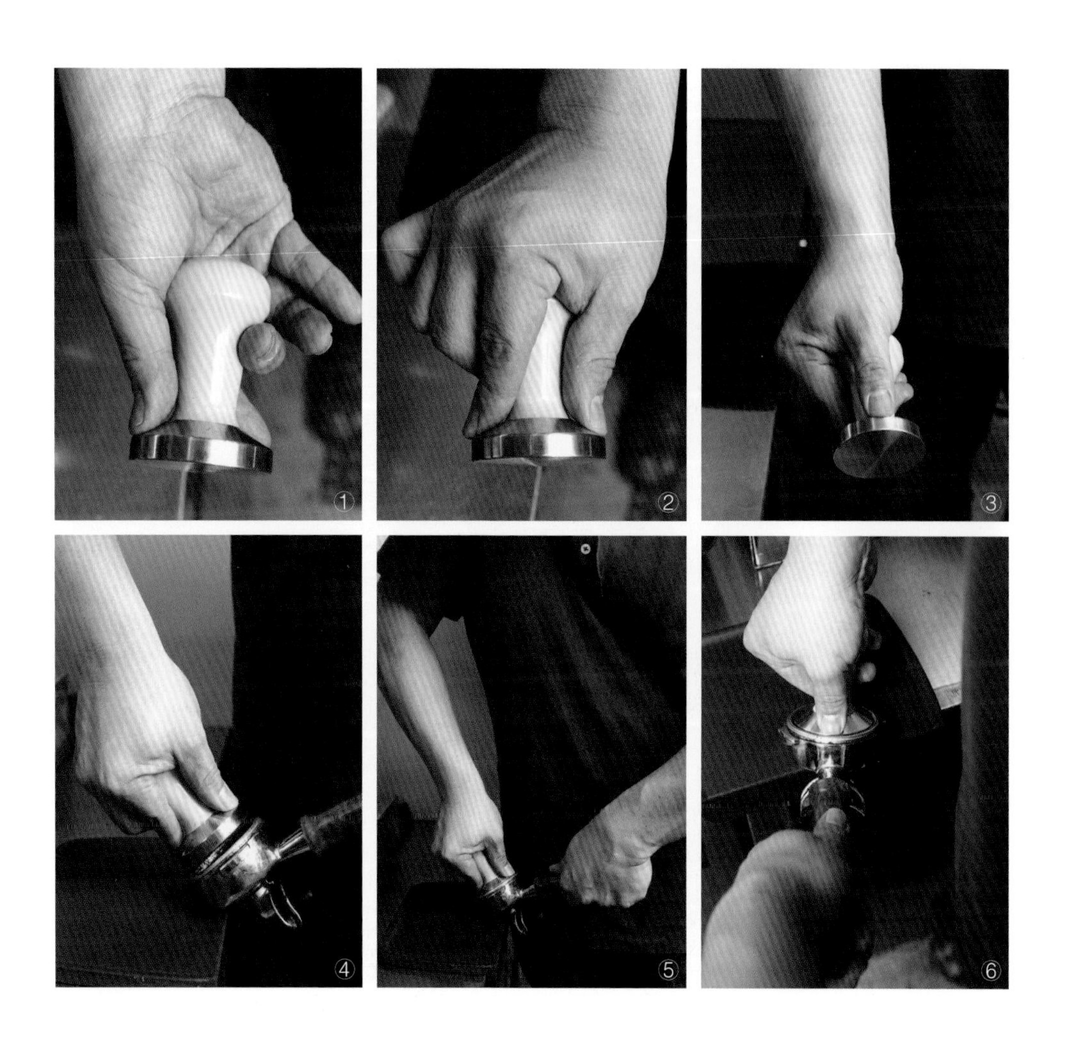

手心轻轻包住粉锤，如果过紧地握住，手腕就会弯屈（图①）。

从正面看，握住粉锤的正确姿势是拇指与食指要形成相对面的状态。压粉后，通过拇指与食指触摸粉碗的边缘高度，从感官上可以确认咖啡粉面的水平程度（图②）。

为保持水平，压粉时胳膊肘与粉锤要保持直线。如果胳膊肘和手柄粉碗完全形成90° 的垂直，就不需要很大的力度而自然压粉也能保持水平（图③）。

在这种姿势下，不是利用手腕的力量来压粉，而是轻轻往前弯屈身体，这样自然而然的身体的重心负于粉锤上。这种姿势是利用人的体重，保持稳定的力度来压粉的，这样可以减少压粉力度的差异。还有压粉时手腕一直是直的，这样可以预防手腕受伤或者肩膀僵硬现象。

如同上述，稍稍提高手柄的手把，从粉碗的斜面压粉的方法之外，也有弯屈上体，肩膀与胳膊保持水平，胳膊肘弯成90° 的姿势来压粉的方法。实际压粉过程中，最好找出久做压粉也不会带来手腕和肩膀痛的方法。

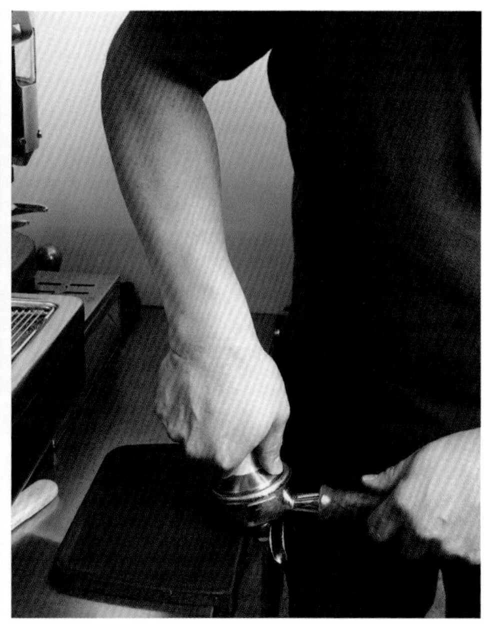

错误的压粉姿势

左图：用手心压粉锤，这样手腕容易受压力，会成为手腕受伤的原因。

右图：过于使劲地握住粉锤，手腕易受压力，压粉很难保持水平，这也是形成偏萃取的主要原因。

选择粉锤头

粉锤头部的形状有很多种。这种粉锤头形状主要是与粉碗的形状有着直接的关联。为防止偏萃取，要选择与手柄的粉碗形状吻合的粉锤头。

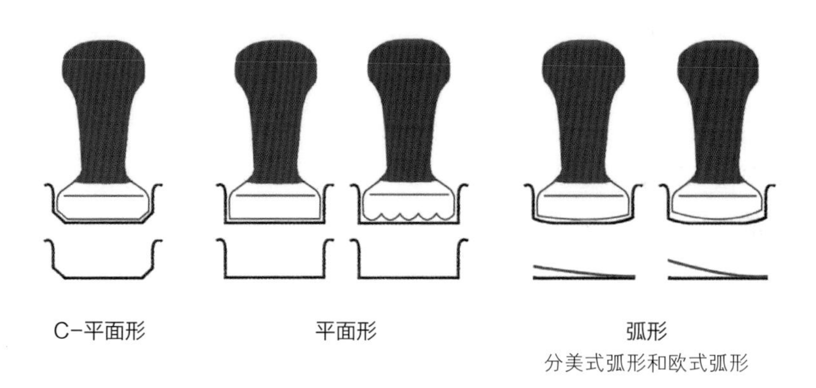

粉锤头形状

4

寻找只属于我的浓缩咖啡

在开始使用浓缩咖啡机之前，要做几项必要的设定，这样才能在萃取咖啡的过程中，精细调节萃取时间和咖啡的味道。

浓缩咖啡机在萃取中很难调整设定要素，所以在使用咖啡机之前，先做所需的设定。然后设定萃取压力和萃取温度。这些内容设定好之后，再调节咖啡粉量和咖啡粉刻度以及萃取量就可以带来咖啡味道的变化。

调节咖啡粉量带来味道的变化

基本上咖啡粉量多，可溶解出来的咖啡成分也多，其味道也很丰富。但是咖啡量过多，热水很难通过咖啡粉，萃取速度也变慢，会形成过度萃取。再说粉碗大小已定，也不能一味地增加粉量。相反，粉量过少，其味道和香味较弱。这也许能享受柔和的咖啡，但是其萃取速度过快，无法萃取出足够的浓度。所以，通常使用的方法是放入充分的粉量之后，把上面多余的粉量刮出来。

要记住的是粉量越多，味道和香味越浓厚，但是其萃取速度较慢。反之，粉量少时，味道与香气轻淡，萃取速度快。

调节咖啡粉刻度带来味道的变化

咖啡粉的研磨刻度直接影响味道和萃取速度。所以萃取浓缩咖啡时，事先设定好萃取量和萃取速度，再判断是否过度萃取还是未萃取。依据科学分析得出来的萃取指南，最理想的浓度是1秒钟萃取1mL的咖啡。在这个萃取指南的基础上，再根据咖啡的状态调节粗细度就能获取自己所要的咖啡味道。

假设利用分量器，手柄上装入固定量的咖啡粉，萃取出固定量的咖啡，那么可调节咖啡味道的要素只有咖啡粉的粗细度。咖啡粉偏粗，苦味减少，相对酸味突出，咖啡香味较弱。咖啡粉偏细，苦味偏重，酸味被苦味覆盖住，其味道也很强烈。萃取时间长而更加浓郁。

快萃取

正常萃取

慢萃取

快萃取	→	适当的萃取	→	慢萃取
酸味弱/杏味弱 ← 突出酸味	←	复杂又丰富的味道	←	强而淡 ← 苦味重
研磨度粗				研磨度细

与白糖相比的咖啡粉

研磨度粗的咖啡粉

研磨度适当的咖啡粉

研磨度细的咖啡粉

如同上述，咖啡粉的粗细度直接影响咖啡味道，所以调整咖啡粉的粗细度是非常重要的一项。如果是成手的咖啡师，只要通过眼睛判断或者用指尖摸摸就能判断出粗细度是否适合。初学者只能是由萃取出来的结果来判断，这时的判断标准就是萃取时间。

依据萃取指南，浓缩咖啡最理想的萃取时间是（25 ± 2.5）秒。在这个范围之内设定好萃取时间就能得出合适的咖啡浓度。这基础上，在20 ~ 40秒，找出最佳味道的萃取时间，然后再选择与之相符合的萃取刻度。

研磨刻度根据烘焙程度、湿度以及季节的变化有着一定的差异。如是熟练的咖啡师，应该始终要关注萃取的变化，还要不断地在品尝过程中调节研磨刻度，尽量萃取出最佳口味的浓缩咖啡。

调整萃取量带来味道变化

萃取浓缩咖啡，每一个萃取过程都有味道的变化，每一个阶段都有不同的味道。我们所享受的浓缩咖啡是像这种多种多样的味道融合在一起的。

在前面的手冲咖啡部分讲过，萃取咖啡的前期20%的萃取液中，能溶解出80%的香味。生豆原有的成分以及烘焙过程中生成的咖啡成分遇到最佳化的萃取条件之后，在短时间内非常有效地进行萃取，所以萃取前期，大部分的咖啡成分都能溶解出来。

这种咖啡成分大部分溶解出来之际，再进一步溶解出形成咖啡细胞组织的木质成分，从而浸泡出味道来。此时浸泡出来的味道基本上没有香味，但有苦味和厚重感。即，这部分的味道决定着咖啡入口时的印象以及口中的余韵。因此，停止萃取的阶段会影响咖啡的味道。

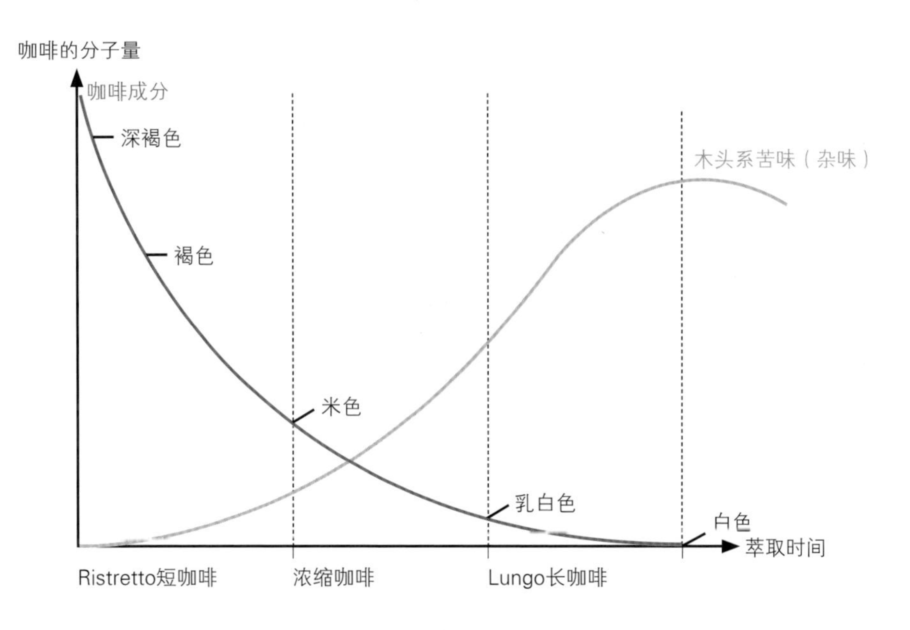

咖啡初期萃取与后期萃取的差异曲线图

利用勺子品尝每一个萃取阶段的味道

萃取量少于20mL时

初期萃取液呈现出赤褐色。初期的浓缩液带有强烈的刺激和香气，舌头有麻麻的强烈的感觉。此时的浓缩咖啡除了刺激的浓度之外还没有其他的感觉。

萃取量20mL左右时

此时的咖啡萃取液，从浓的赤褐色逐渐变淡，口中的刺激感逐渐减少，香气和味道以及厚重感均匀协调。浓缩咖啡颜色逐渐变淡，意味着形成香气和香味的咖啡成分基本上溶解结束。如果此时结束萃取就称之为“Ristretto”也就是短浓缩。短浓缩并没有萃取出后期的厚重感，它只享受前期浓郁的香气和香味。

萃取量25~30mL时

咖啡萃取液的颜色从褐色逐渐变成乳白色。此时停止萃取即可。克丽玛上有淡淡的白色斑点。这斑点意味着形成香气和香味的咖啡成分完全溶解出来。这之后萃取出来的成分基本上影响着醇厚度。品尝此时的咖啡，会感到咖啡很淡，喝完口中和舌尖明显残留刺激感，但能感觉出醇厚度。

萃取25~30mL的咖啡时，呈现出乳白色的颜色时要停止萃取。此时的咖啡通常称之为“浓缩咖啡”。浓缩咖啡并不是由萃取量决定的，而是由萃取变化过程决定的。萃取过程中，如果没有特定的装置就很难测定咖啡液的浓度，所以只能靠萃取液的颜色来决定。

萃取量30mL以上时

此时咖啡萃取液的颜色基本上呈现出白色，而且几乎没有味道和香气，略有苦味和厚度，但浓度很低。此后的萃取液对咖啡的香气和味道基本上没有影响，但是苦味和厚度会增加。萃取量比浓缩咖啡多1.5 ~ 2倍的，称之为“lungo”，即长咖啡。

萃取量少于20mL时

萃取量25~30mL时

萃取量30mL以上时

不同萃取阶段咖啡颜色的变化

5

浓缩咖啡的基本应用

柔和的咖啡拿铁与卡布奇诺、甜甜的焦糖玛琪雅朵等，都是大家喜欢的饮品。这些饮品基本上都是浓缩咖啡中加入牛奶之后，再添加调味的糖浆或者其他添加物而做出来。通常根据添加物命名。加热水的美式咖啡也算是应用浓缩咖啡的饮品。

例如制作最简单的美式咖啡，不能一味地说多少毫升的浓缩要兑上多少毫升的水，并不是按照公式搭配，而是根据不同的情况尽力调出好喝的咖啡。咖啡是食品，不管制作什么样的饮品，其配方是以味道为主，应用浓缩咖啡的所有饮品也不例外。之所以下面所提示的饮品制作配方只能当作参考指南，通过这些配方指南可以熟悉一下其制作方式。那么如何调整浓缩咖啡的萃取程度和比率呢？这首先要熟悉制作方式，然后根据品尝浓缩咖啡和加入添加物时的味道以及饮用人的个人爱好等情况再调整就可以。

制作美式咖啡

很多人喜欢喝的美式咖啡是为舒适又美味地享受浓缩咖啡而做出来的代表性饮品。

美式咖啡是在萃取好的浓缩咖啡里兑上热水喝的，还有一种喝法是萃取量比长咖啡还要多的澳式黑咖啡。

先倒水还是先倒浓缩咖啡？

无论先放入哪一方，总是有争议。事实上，先放哪一方，并没有很大的差异，除非是味觉很敏感，不然很难感觉出来，但是实际上是有一点儿的差异。

先放入浓缩咖啡再加热水的话，会有苦味相对突出的倾向；反之，先加热水后放入浓缩咖啡就会减少一些苦味，表面浮一层咖啡油脂。这样醇厚度会显得厚，视觉效果也很好。

热美式咖啡上放入几块冰块？

为做美式咖啡，好多咖啡店从咖啡机上直接接热水。这时热水的温度是90~93℃。如果这个水温做美式咖啡，直接饮用会容易烫伤。

咖啡在高温下制作苦味相对突出，容易有轮胎烧焦般的焦煳味道。所以要使用咖啡机的热水，最好是马克杯的热水里加入一两块的冰，这样水温降至70~73℃，这也是正适合品尝的温度。

这样做的理由是与舌尖感觉有着直接的关联。比如在沸腾的醒酒汤里调味的话，凉了之后还能感觉很咸。因为温度高的时候，舌头很难辨别出苦味之外的其他味道。但是65~70℃时，以甜味为主，舌头的所有感觉也开始活跃。事实上把水温调到65~70℃时，就可以很明显地感觉出甜味。制作美式咖啡时适当地调整水温就可以一定程度地能抑制苦味，也可以突出甜味。

先把浓缩咖啡倒入杯子，再倒热水的方法

先倒热水，再倒入浓缩咖啡的办法

为防止烫伤、更加丰富口感，美式咖啡里放入冰块降温

浓咖啡的为难之处：到底是双份浓缩还是长咖啡

来店里买咖啡豆的客人当中，好多人问起“什么是浓咖啡？”。令人为难的是大多数客人很难分清浓度高的咖啡与深烘焙而苦的咖啡。同样，客人要求浓咖啡的时候，大部分都是没有分清味道和浓度而说的，因而与真正浓郁的咖啡相比，较多的客人要求苦味重的咖啡。

如果放入一杯浓缩咖啡制作的美式咖啡感觉淡，那么理论上应该再添加一杯浓缩，也就是双份浓缩咖啡（Doppio）就可以。但是事实上，如果放入两杯浓缩的时候，它不是增加苦味，而是大幅度增加浓度，香气和味道，因而喝的人经常感觉不满意。这时为满足客人的要求，还是放入苦味和厚度较强的长咖啡比较合适。

相反，要求喝淡咖啡的客人，倒入正常萃取的半杯浓缩，浓度可能会变淡，但苦味仍然存在。所以，这时放入苦味和厚度相对弱，但是香气和味道强烈的力士列特（Ristretto）超浓短咖啡就能制作出苦味少、柔和的咖啡。

使用牛奶

牛奶是应用浓缩咖啡制作的饮品中最多使用的副材料。牛奶与咖啡融合到一起，其口感柔和、营养均匀。常用的方法是利用蒸汽管打出细腻而丰富的奶泡而使用，还可以利用奶泡器打奶泡或者直接使用冷藏牛奶。

利用浓缩咖啡机的蒸汽管打奶泡，加热300mL的冷藏牛奶只需20秒左右。利用微波炉或者炉灶也可以很快地加热至所需的温度，加热过程中因水蒸气注入到牛奶之中，所以加热之后会形成细腻的气泡。如果气泡质量好，将形成细微的黏性，入口感觉柔和。

加热
牛奶

1. 打开蒸汽先把蒸汽棒里的凝缩的水分排放出来。

2. 把蒸汽嘴插入到牛奶里1~2mm之处。奶缸的1/3之处的左侧或者右侧，如图。

3. 打开蒸汽注入空气，这个过程叫作伸展（Stretching），1~2秒。

4. 先充分注入空气，牛奶温度升到30~40℃时，把蒸汽嘴再往深处插入1~2mm而停止注入空气。蒸汽的力量使牛奶在奶缸中旋转起来，这个过程叫作旋转（Rolling）。这时蒸汽管的位置可以不移。

5. 牛奶达到65℃左右时关掉蒸汽，结束打奶泡。

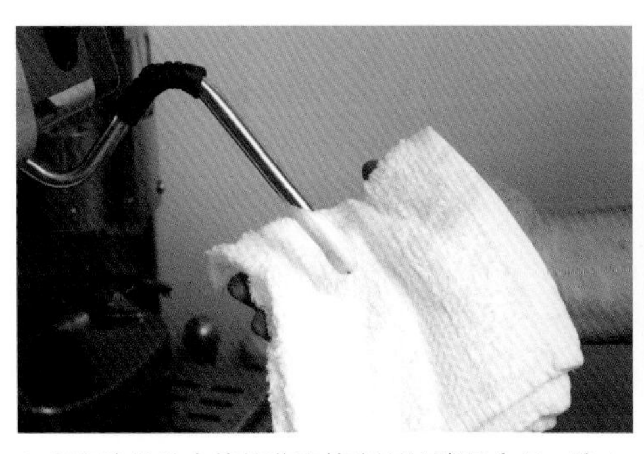

6. 用干净的抹布擦掉蒸汽棒表面的残留牛奶，防止污染。

7. 再次放开蒸汽，把蒸汽棒里吸进去的牛奶放出来。

用蒸汽加热时牛奶的移动

牛奶加热至70℃以下

牛奶加热至70℃以上时，有特有的牛奶腥味，同时气泡粗糙，奶香味和触感较差。有些人觉得70℃以下的温度喝起来有点儿凉，这种情况，温度再高点儿也无妨，但是尽量控制在70℃以下。而且，我们可以把杯子先温热，缩短制作饮品的整体时间来延长牛奶降温的时间，这样喝起来也不会有凉的感觉。

加热过的牛奶不能重新加热

加热过的牛奶不能放进冰箱重新使用，这种情况很容易细菌感染，非常不卫生，而且加热过的牛奶重新加热就会失去其原有的奶香。还有，含在牛奶中的蛋白质等固体物在加热过程中容易变质而形成颗粒，会产生不好的味道。

6

浓缩咖啡的多种应用

有很多应用浓缩咖啡制作的饮品菜单，其中最基本的是咖啡拿铁和卡布奇诺。可以说会制作这两种饮品的话，其他应用浓缩咖啡制作的饮品也就学会了。

奶制咖啡饮品比较适合选择中度烘焙的咖啡豆，比起深度烘焙，其口感更加醇厚，这一点仅供参考。中度烘焙的咖啡豆与牛奶融合到一起时，酸味会突出，黏性加大，喝起来具有稠密度。相反，使用深度烘焙的咖啡豆，因苦味强，更加强调咖啡的香气，但是整体感觉牛奶淡，黏性少。

1. 冰美式咖啡

冰美式咖啡是在夏天为享受清爽而放入冰块制作的咖啡饮品。要先放入冰块再加咖啡。

如果先加咖啡后放冰块，因温度之差，冰块周边会产生水膜现象，这种水膜会影响热传导，以使咖啡慢速变凉，同时咖啡因形成了结晶，因而咖啡看起来很浑浊，这种现象称为白浊现象。

准备物： 冰杯（14盎司/420mL），冰块7个（注释：依据冰块大小可增可减），水 200mL，浓缩 1盎司或者2盎司（根据需求选择）。

1. 准备好的杯子上填满冰块倒入冰水。
2. 在1上加入浓缩咖啡。

●为什么加入一杯浓缩的冰美式咖啡感觉很淡●

通常冰美式咖啡多使用14盎司（420mL）的冷饮杯子。14盎司杯子比起10盎司（或12盎司/360mL）的马克杯看起来更大，但是实际上填满冰块之后，水只有200mL左右，加入浓缩咖啡之后，被融化的一部分冰块加起来也就有300mL左右。这个水量上加上1盎司的浓缩咖啡感觉比同等量的热美式淡很多。这是因水冰凉，味觉相对变迟钝而觉得淡。这种时候放入2盎司的浓缩咖啡才能充分品出咖啡味道，放入苦味较强的长咖啡也是好办法。

2. 咖啡拿铁

咖啡拿铁在意大利语中指咖啡（Caffe）和牛奶（Latte）加起来的意思。

在法国称之为咖啡欧雷（Cafe Aulait）。顾名思义是咖啡中加入牛奶。咖啡中加入牛奶之后口感更加柔和、香气浓，是很受青睐的饮品之一。

准备物：300mL的马克杯，牛奶250mL，1盎司或者2盎司浓缩咖啡。

1. 准备浓缩咖啡。
2. 把牛奶放入奶缸，利用咖啡机的蒸汽轻轻打奶泡，加热至65~70℃。
3. 先把浓缩咖啡倒入马克杯中，再倒入加热过的牛奶。

3. 冰咖啡拿铁

与冰美式咖啡相同，在炎热的夏天最受欢迎的饮品应该就是冰咖啡拿铁。柔和的牛奶加上微苦的咖啡，这种梦幻般的搭配，给人一种舒适又协调的感觉。

准备物： 冰杯14盎司（420mL），冰块7~8块，牛奶200mL，浓缩咖啡1盎司或者2盎司。

1. 准备好杯子后，先放入冰块再倒入牛奶。
2. 之后轻轻地倒入浓缩咖啡，这时牛奶和咖啡形成隔层，还可以享受视觉效果。

4.卡布奇诺

卡布奇诺是由1盎司的浓缩咖啡、牛奶以及奶泡组成。因传统卡布奇诺杯子的特殊形状，装入咖啡之后，成了卡布奇诺，牛奶和奶泡各自占1/3的比例。据说这个名称是从意大利的圣芳济（Capuchin）教会的修士们戴的尖尖的帽子形状而来的。如同这个传说，要放入多而厚的细腻的奶泡才能完成卡布奇诺。

准备物：180mL的杯子，牛奶120mL，浓缩咖啡1盎司。

1. 将意式浓缩咖啡倒入卡布奇诺的杯中。
2. 牛奶装入奶缸中，利用蒸汽打奶泡至原来的1.5倍左右。
3. 1上倒入打奶泡的牛奶然后放入奶泡。

●咖啡拿铁和卡布奇诺有何不同●

咖啡拿铁和卡布奇诺的差异就是奶泡的有无。咖啡拿铁的牛奶也是利用咖啡机的蒸汽加热的，所以牛奶因水蒸气多多少少形成奶泡。但是因奶泡的量少，倒入咖啡时表面形成花样。像这样咖啡里倒入牛奶时表面上形成图样的，称之为拉花艺术。最近几年是咖啡拿铁和卡布奇诺由牛奶的比例和奶泡的量来区分，奶泡的量少就称之为咖啡拿铁。

5. 焦糖玛琪雅朵

焦糖玛琪雅朵是星巴克的商品名的由来，是众人喜欢的饮品之一。熟悉的焦糖味以及适度的甜味，能给疲惫的一天带来活力，因而很受青睐。

准备物：12盎司的杯子（360mL），打成湿奶泡（参照p220）的牛奶250mL，浓缩咖啡1盎司或者2盎司，焦糖糖浆20mL，装饰用焦糖酱适量。

1. 杯子中倒入焦糖糖浆20mL，再倒入萃取的浓缩咖啡之后搅匀。
2. 倒入250mL的打成湿奶泡的牛奶（Wet Foam）。
3. 使用焦糖酱在湿奶泡上装饰。

6. 咖啡摩卡

也称之为咖啡巧克力拿铁，加入巧克力的饮料习惯性地都加上摩卡这两个字。其制作方式如同焦糖玛琪雅朵，只要把焦糖糖浆换成巧克力糖浆就可以。

准备物：12盎司的杯子（340mL），打成湿奶泡的牛奶250mL，浓缩咖啡1盎司或者2盎司，巧克力糖浆20mL，装饰用巧克力酱适量。

1. 杯子中倒入巧克力糖浆20mL，再倒入萃取的浓缩咖啡之后搅匀。
2. 倒入250mL的打成湿奶泡的牛奶（Wet Foam）。
3. 使用巧克力酱在湿奶泡上作装饰。

7. 冰卡布奇诺

与冰拿铁相同，是在炎热的夏天很受欢迎的饮品。凉爽的牛奶与柔和的奶泡给人带来喝咖啡的乐趣。

准备物：14盎司的杯子（420mL），冰块7~8个，牛奶200mL，浓缩咖啡1盎司或2盎司，以及桂皮粉或可可粉少量。

1. 冰牛奶倒入奶泡缸，先打奶泡。
2. 杯子中装满冰块再倒入1。
3. 在2的中央部位轻轻倒入浓缩咖啡，根据个人爱好放入可可粉或桂皮粉来装饰。

8. 卡布奇诺

制作出质感优越的卡布奇诺，建议选择高品质的冰沙机，这种冰沙机可以均匀地打碎冰块，如没有就选用家庭用冰沙机也可以。

绿茶卡布奇诺是其主要应用饮品之一，把可可粉换成绿茶粉就可以，因绿茶卡布奇诺不加入浓缩咖啡而缺乏水分，需要多放入牛奶和冰块。

准备物：14盎司的杯子（420mL），冰块12块，牛奶120mL，浓缩咖啡2盎司，可可粉40g，巧克力酱15mL。

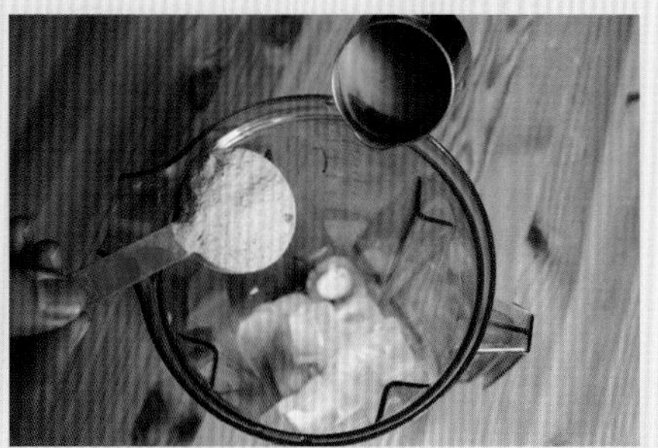

1. 冰沙机里放入准备的所有材料。
2. 启动冰沙机0.5～1分钟充分搅拌，将冰块均匀打碎。
3. 装入冷饮杯子中。

MAR

拉花艺术

卡布奇诺根据形态分为传统卡布奇诺和拿铁卡布奇诺（也叫Desian Cappucchino）。传统形态的卡布奇诺在打奶泡时多注入空气，这样奶泡的比例增多，奶泡表面略干，所以称之为“干奶泡”（Dry Foam）。牛奶倒入杯子时，先倒入与咖啡相同比例的牛奶之后，利用勺子把奶泡单独舀起来放到牛奶之上，这是最广泛使用的方法。这样的操作方式使奶泡更加牢固，形态持续时间也长。

拿铁卡布奇诺是限量地注入空气，因此奶泡比较绵密细致，奶泡表面还带有光泽、有黏性，所以称之为“湿奶泡”。装入杯子时，奶缸里的奶泡与牛奶均匀搅拌之后，直接倒入咖啡杯里。牛奶倒入杯子时，把奶缸稍微摇晃，以控制拉花花样，就这样在咖啡表面拉花，称之为拉花艺术。

Part 5

多样的萃取方式

1

土耳其式咖啡

土耳其咖啡（Turkish Coffee）是一种用传统的咖啡萃取方式制作的咖啡。土耳其壶里倒入水和咖啡，用火加热熬煮萃取。这种咖啡中有很多残留的咖啡细粉，含在口中有点儿粗糙的感觉，且没有过滤油脂成分的，所以咖啡味道浓郁又强烈。

制作土耳其咖啡时使用的器具叫伊布里克（Ibrik）。伊布里克嘴口像水壶，因其特殊的构造，倒咖啡时起着滤出咖啡粉的作用，其实伊布里克的原来用途是过滤咖啡粉的。也就是说，不是为萃取咖啡而使用的，它是为萃取咖啡而配用的器具。实际上土耳其式咖啡壶是带长手柄的小型锅，通常被叫作“佳之贝”（Cezve）。佳之贝也是放入水和咖啡用火加热熬煮，在熬煮过程中，咖啡细粉和泡沫漂浮在上面。越是新鲜的咖啡，泡沫就越多，也有人称之为咖啡油脂（克丽玛）的初始。

土耳其咖啡的冲泡法

准备：50mL的水使用8g的咖啡粉，咖啡磨成面粉般的粗细度，要磨得很细。

1. 准备好的咖啡粉和水放入佳之贝上，根据个人需求放入砂糖。

2. 把咖啡壶放在火炉上熬煮，开始起泡沫时从火炉上拿下来冷却。

3. 泡沫下沉之后重新放在火炉上继续加热，这个过程要重复3～4次。要注意不能煮开，煮开咖啡成分会带来变化，容易形成不好的杂味，咖啡温度要保持在80℃左右。

4. 煮好的咖啡与漂浮的咖啡粉一起倒入杯子中。

2

水滴式咖啡

俗称荷兰式咖啡（Dutch Coffee），其正确的名称是冷水浸泡式咖啡（Coldwater Brewed Coffee），也叫作水滴式咖啡（Water Drip）。虽有荷兰船员发明的传说，但是似乎没有具体的历史性证据。但有一点，据说印度尼西亚的咖啡又苦又强烈，所以他们用相对较低的水温萃取咖啡，当时的印度尼西亚又是荷兰的殖民地，估计是以此推论出来的说法。

这种萃取法，顾名思义就是咖啡中倒入冷水萃取的方式。从咖啡成分溶解出来的过程来说明，冷水萃取与热水萃取有所不同，冷水萃取有独特的味道。冷水萃取基本上不能溶解出脂溶性成分，相比口感很利落，甚至与红酒媲美。

水滴式咖啡被世人认为是没有咖啡因的咖啡，因此深受对咖啡因敏感的人所青睐。

确实咖啡因在冷水里的溶解度很低，但不是不溶解，而是其速度较慢而已，所以咖啡因成分还是存在的。水滴式咖啡萃取时间很长，反而咖啡因有可能会充分溶解出来，所以水滴式的咖啡因含量有可能比一般咖啡高。

水滴式咖啡有两种萃取方法。一是把水放入器具一滴一滴滴落下来再通过咖啡层萃取的水滴式方法，也叫冰滴；另一种是咖啡放入水里沉浸而萃取出来的浸泡式萃取法。浸泡式是把咖啡浸入水中，因此咖啡浓度达到饱和状态时，就不能再溶解出咖啡成分。水滴式则不同，只要容器上有水，会不断地供给咖啡新鲜的水，咖啡成分也会继续溶解出来，所以水滴式比浸泡式萃取法浓度会更高一点儿。

水滴式萃取法需要注意几个问题：萃取过程中可能会使用未完全消毒过的器具或者准备过程中卫生管理欠佳引起大肠菌等细菌感染。水滴式器具大部分是裸露在空气中的状态，所以也有可能被灰尘污染。因此建议在完全封闭的空间里萃取咖啡。特别是没有冷藏设备的地方不卫生且有一定的安全隐患，这种条件最好除了冬天，其他季节最好不要萃取。

浸泡式是水和咖啡搅拌之后放入冰箱12~24小时冷藏保管，之后利用滤纸过滤出来。这种方式一直处于冷藏状态，所以相对安全一点儿。萃取之后尽量短时间饮用，不要长期保管，以防细菌滋生。

浸泡式萃取法

1. 准备磨成浓缩咖啡用的很细的咖啡粉，萃取1L使用200g左右的咖啡。

2. 咖啡装入容器之后倒入冷水搅拌均匀，放入冰箱12~24小时，中途拿出几次搅一搅。

3. 滤杯上放入滤纸倒入咖啡过滤。

点滴式
萃取法

近来，市场上销售好多种适合家用的冰滴萃取器具。利用这种器具萃取出来的液体相对很浓，所以常会兑水或者兑牛奶喝。

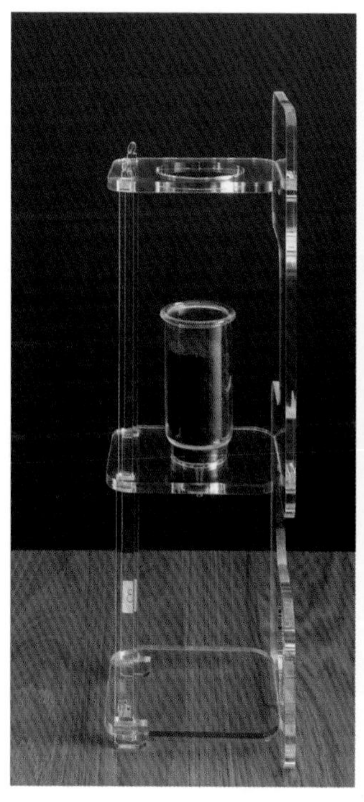

1. 准备大约80g的咖啡豆磨成比白糖颗粒大一点儿的咖啡粉，水600mL。中间的容器里装入咖啡粉之后，轻轻一压，以防止浸水时咖啡浮起。

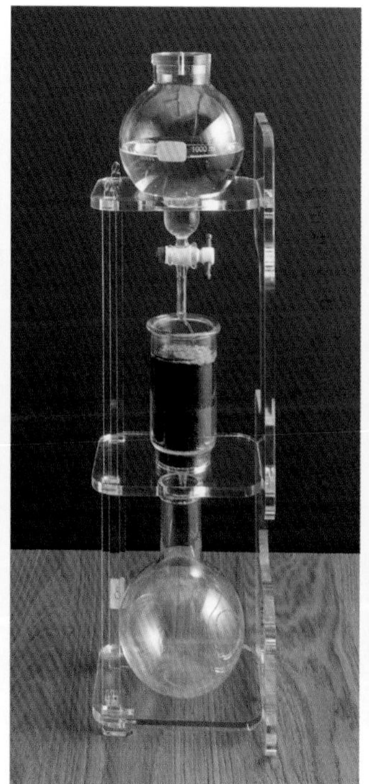

2. 萃取初期咖啡浸水要均匀才能避免偏流现象。使用常温或冰水，一次滴入20~30mL的水，使咖啡吸水浸入。

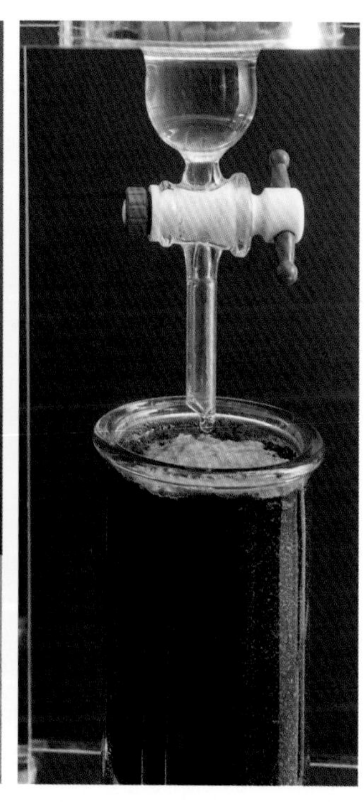

3. 咖啡完全被水浸泡之后，用控制阀调整滴水速度，每秒钟滴落1~2滴水，浓浓地萃取。整体萃取时间8~10小时比较适合。水滴落速度快，咖啡上面容易积水，萃取期间要注意观察，以免积水过多萃取出令人反感的苦味。萃取出来的咖啡要装入消毒过的容器里放入冰箱保存。

3

压缩式咖啡

压缩式（Plunger）咖啡是1930年欧洲人发明的，在欧美广为利用的咖啡萃取法，也是极为简单的享受咖啡的方法之一。众所周知的法式滤压壶（法压壶）这个名称其实是压缩式咖啡壶的商品名。

从咖啡壶的外观上讲，大体上由玻璃材质的透明杯，带有从上往下滤压的，铁丝网制作的活塞网的盖子组成。法压壶的滤芯是铁丝网制作的，所以很难过滤咖啡细粉，会残留在咖啡中，而且也会浸泡出咖啡油脂成分，因此咖啡口感多少会有粗糙的感觉，但也能享受咖啡原有的浓郁的风味。法压壶萃取法与杯测时的形态基本相同，能品尝出与杯测信息相同的味道，这也算是优点吧。

法压壶的萃取液中，咖啡液与咖啡渣在玻璃杯里混在一起。如不分离咖啡渣，会一直留在玻璃杯中，将继续浸泡萃取。这样萃取时间过长会导致过度萃取，会有不好的杂味，因此结束萃取的咖啡最好从杯子里倒出来为好。

有的人是分次注水萃取，这主要是为了边倒水边搅匀，其实也没有必要一定分次注水。只要在萃取过程中，分次隔段搅匀咖啡，使之稳定萃取就可以。

法压壶萃取法

使用8~10g的咖啡粉，萃取120mL的咖啡。将咖啡粉研磨成芝麻粒大小，如果咖啡粉太细，通过滤网的粉渣很多，咖啡变得很浑浊，喝起来也不方便。整体的萃取时间是2~3分钟。

1. 准备好的咖啡上倒入同量的水，进行30秒左右的事前萃取。

2. 倒入整体萃取量一半左右的水均匀搅拌。

3. 再等待30秒左右。

4. 再倒入剩余所需的水量均匀搅拌，再等待30秒。

5. 咖啡粉差不多沉淀下来时将带盖的活塞网对准壶口缓慢滤压下来，使粉渣滓与咖啡分离。

6. 再等待30秒左右使咖啡中的粉渣沉淀，再倒入咖啡杯里。

4

渗滤式咖啡

渗滤式咖啡（Percolater）萃取法具有悠久的历史。美国拓荒西部时被广为传播使用。它是以促进对流的萃取套组与耐火的玻璃容器组成。装咖啡的粉杯正处于对流套组的中间位置，因此在萃取过程中，咖啡粉基本上不会被水浸泡。

耐火的玻璃容器里装入水，煮至沸腾，沸水将会形成对流。咖啡渗滤壶里放入带底座的对流套组，利用沸水对流的力量，将热水输送到在对流套组上头的咖啡粉杯上，萃取液再次通过对流套管输送至咖啡，这样的方式反复循环萃取。

咖啡渗滤壶是将萃取出的咖啡液反复循环萃取，直到萃取液的浓度和容器里的浓度相同的时候，不再进行萃取，而且是沸腾的水，其水温很高，随之萃取出来的咖啡的苦味和焦味较多。渗滤壶已经不是家庭中常用的器具，但偶尔选择一些，也能享受香味浓郁又醇厚的咖啡。

咖啡渗滤壶的缺点就是萃取至一定浓度之后不能更深度萃取。这个缺点可以理解为容易重现浓度一致的咖啡，因此需要大量供给咖啡的地方常用这种壶。比如在客运站或者高速服务区等地方可以看到与咖啡渗滤壶相同原理的大型的咖啡器具。

咖啡渗滤壶的萃取法

准备研磨刻度比芝麻粒大点儿的咖啡，使用50g的咖啡粉萃取出1L的咖啡。

1. 咖啡渗滤壶容器中装入适量的水，把咖啡盛入对流管套组的粉杯。

2. 装有1L水的滤壶容器中放入对流管套组。

3. 把渗滤壶放到炉灶上熬煮，沸腾起来的水通过对流管套组输送到咖啡粉中。

4. 煮到适当浓度时熄火，咖啡倒入杯子中。

5

真空过滤式咖啡

众人所知的“虹吸式咖啡”（Siphon）原为日本一家咖啡公司的品牌名，其真正的名字是真空过滤式咖啡（Vacuum Coffee）。其器具的构造是由盛水的下壶（玻璃球体）和装入咖啡的上壶漏斗形玻璃滤杯组成。加热下壶中的水，就会产生蒸汽压，蒸汽压通过玻璃管进入装有咖啡粉的上壶中，从而咖啡与热水相逢。熄火时，下壶里形成的蒸汽，因突然降温而变成水，从而下壶形成真空状态。由于这种真空现象，上壶里的咖啡液通过滤网一口气拉到下壶。

真空式在94～96℃的高温下萃取，因而苦味较重，但有口感利落、香浓醇厚的特点，而且能相对缩短萃取时间，从而能得到香浓的咖啡。

真空过滤式咖啡的萃取法

萃取120mL要放入10g左右的咖啡粉，咖啡研磨成半粒芝麻大小较适合。

1. 将绒布滤片垫入上壶的玻璃滤杯。

2. 绒布滤片安稳垫入到上壶之后，把滤片上带的弹簧拉出来固定。

3. 上壶玻璃滤杯中放入咖啡。

4. 下壶装入水。

5. 下壶的水充分加热之后，把上壶玻璃滤杯倾斜地插入下壶。

6. 水开始沸腾就把玻璃滤杯正起来完全插入下壶里。上壶和下壶吻合组装后，开水就通过玻璃管被吸入玻璃滤杯中，从而开始浸泡萃取咖啡。水被全部吸入上壶玻璃滤杯后，用茶匙搅匀咖啡，使咖啡与水充分进行反应。

7. 熄火之前再次搅匀玻璃滤杯中的咖啡，然后熄火。

8. 上壶里的萃取液完全滴落到下壶， 咖啡萃取就算结束。整体的萃取时间为1～1.5分钟。

9. 萃取结束之后，先把玻璃滤杯拔出来放置在立架上，咖啡倒入杯中。

6

火炉式浓缩

火炉式浓缩（Stovetop Espresso）的代表性咖啡器具是我们很熟悉的“摩卡壶”，摩卡壶原来是意大利一家公司的商品名。与真空过滤式的虹吸壶相比，摩卡壶的基本构造都是铁质制作，下壶里生成的蒸汽压力，使水通过咖啡层推至上壶里而萃取出咖啡。摩卡壶也是意式浓缩咖啡机的前身。仔细观察其构造就知道，下壶是由盛水的气炉和装入咖啡的粉杯组成，上壶是由过滤粉渣的滤芯与咖啡液喷管组成。为防止熄火之后咖啡的倒流，咖啡液喷管设置在相对高的位置。

火炉式浓缩壶是利用1~1.5Pa的气压萃取出来，使用相对很细的咖啡粉，可萃取出强烈浓郁的咖啡，是与意式浓缩口感最接近的萃取方式。它是使用沸腾的水，因而水温过高，其萃取出的咖啡有强烈的苦味和焦味。

粉杯上放入粉之后无须压粉，只要把粉面轻轻磨平就可，如果过于使劲压粉，会产生过度的压力而无法萃取咖啡，甚至有摩卡壶爆炸的可能性。

火炉式浓缩的萃取法

将咖啡豆磨成比砂糖粒细一点儿的咖啡粉。

1. 准备好的咖啡粉装入粉杯中。

2. 下壶里倒入水，水位不超过安全阀。

3. 上下壶拧紧之后放入到加热炉上。

4. 水沸腾时就开始萃取咖啡。

5. 萃取后期，咖啡液喷管冒出泡沫或者间歇性地喷出咖啡就把火熄灭。

6. 搅匀咖啡，倒入咖啡杯中。

7

越南式滴滤法（越南壶）

越南式咖啡滴滤法（Coffee Fin）是以越南为主传下来的咖啡萃取法之一。它是过滤式咖啡的原型。把圆筒形的滤杯放入可以架到杯子上的带洞孔的金属壶里，倒水萃取。越南壶与普通滤杯区别在于，利用带洞孔的压板把滤杯内的咖啡粉压平之后，使水通过咖啡层。越南壶萃取面积相对窄，萃取速度也慢，因此少量咖啡粉也能萃取出浓郁的咖啡。因其萃取速度慢，其咖啡味道强烈且有杂味，但是有丰富的香味。

越南式滴滤壶的萃取法

用8~10g的咖啡粉进行萃取。咖啡粉比面粉粗，比白糖细一点儿。

1. 把越南壶架到萃取杯上。

2. 圆筒形滤杯里放入咖啡粉，再用压板盖住咖啡粉拧紧。

3. 在2里倒入10mL左右的水，等待30~40秒进行事前萃取。

4. 事前萃取结束之后，把85~90℃的水倒入添满，再等待萃取。萃取时间3~5分钟。萃取之后加糖或者加上炼乳等更加美味可口。

8

爱乐壶（Aeropress）

爱乐壶是利用注射的原理制作的，其构造上结合了滤压式和滴滤式萃取的优点。这种萃取法，咖啡粉与水接触的时间充足，充分萃取咖啡原有味道的同时，通过加压相对快速萃取，因此口感利落没有杂味，这也是爱乐壶的长处。相反，也有未萃取倾向，酸味较强，醇厚度相对较弱的缺点。

爱乐壶可以多种方式使用。通常是拿出活塞压筒的状态下，把滤筒置架到杯子上，放入咖啡加水萃取。但是这种情况，水还没有完全浸入咖啡粉之前就通过滤芯过滤下去，将会出现未萃取现象。与此相反，把滤筒倒过来用活塞压筒萃取就更容易调节萃取过程，且味道也丰富。

爱乐壶的萃取法

萃取120mL使用18g左右的咖啡粉，研磨度与白糖颗粒大小一样，使用85～90℃的水。

1. 将爱乐壶活塞压筒插入滤筒中，并把活塞压筒最大限度地拉出来，将其倒过来，再放入18g左右的咖啡粉。

2. 1里倒入120mL的水。

3. 1.5～2分钟用专用搅拌器搅匀3~4次。

4. 安装滤芯盖拧紧。

5. 把4倒过来放在杯子上，然后如同推进注射器一样，缓慢压下压筒萃取咖啡。如需要浓郁的咖啡就把萃取出来的咖啡直接倒入杯中饮用即可。如需要淡一点儿的咖啡，往萃取出来的咖啡里兑入热水饮用即可。

9

聪明杯

聪明杯（Clever Dripper）几年前被引进韩国之后一直深受好评。其与普通的滤杯很相似，但是底部有挡住流水的活塞装置，这个装置只有在放置于杯子上或者玻璃壶上时，才会往下漏水。聪明杯不像普通的滤杯那么需要细心注水，在客人多的咖啡店里比较适合使用。还有想要简便地享受咖啡的人来说，聪明杯是比较容易接触的器具之一。

其构造上讲，放入咖啡再倒水，咖啡粉会浮在水面上，与水形成隔层。因此需要细心搅匀才能均匀萃取，得出浓厚的咖啡，还能抑制住木质等杂味。注水量比所要的萃取量多一点儿，且快速萃取，但是萃取液不能全部滴落下来，如果等到全部滴落下来，会形成过度萃取，而杂味会很多。所以滤杯内的萃取液剩到1/3左右时，要果断停止萃取。这种萃取法整体上可能相对淡一点儿，考虑这一点，事先可以多加咖啡粉，这样就能得到较浓郁的咖啡。

聪明杯也属于浸泡式萃取，因此咖啡液与水的浓度相同时，萃取液处于饱和状态而不能再萃取。因而相对容易重现一致的浓度，这也是其长处，但不能得到足够浓郁的咖啡也是其短处。

聪明杯是萃取方法较简单的滤杯，但是萃取过程中咖啡与水要细心搅匀，萃取时间要适当。再者，聪明杯的构造上，有些部位很难清洗净，残留的咖啡渣日久将会影响咖啡的味道，因此清洗时要多多注意。

聪明杯萃取法

准备300mL水，24g咖啡粉，研磨度为半粒芝麻大小，85℃左右的热水。

1. 滤纸叠好之后放入滤杯内。

2. 滤杯里装入准备好的咖啡，再倒入水。

3. 整体萃取时间3分钟左右，中间至少要搅匀3次以上。

4. 浸泡差不多结束时，滤杯放置在杯子或者玻璃壶上萃取出来。

5. 滤杯内的萃取液剩1/3左右时，其滴滤速度也开始减慢，这时果断停止滴滤。

10

Chemex 手冲滤壶

Chemex在1940年首次亮相之后，至今为止深受人们的喜爱。其外观如同花瓶，设计美观优雅，人人都有想收藏的欲望。但是毕竟是历史悠久的器具，难免有与现代咖啡不符之处，因此更要细心萃取才能得到好咖啡。

Chemex是玻璃吹制出来的，因此滤纸与滤杯之间没有沟槽，只有顺着倒水口设计的气流（Airflow）通道。就因为这样的构造，比起现代的滤杯，其萃取速度相对很慢，容易出现过度萃取现象，随之让人感觉苦味强烈，口感浑浊。但是酸味被苦味盖住，萃取出的咖啡给人的印象很厚重。例如精品咖啡酸味较强，对于不是很了解精品咖啡的业余咖啡爱好者来说，反而会因为过度萃取而感觉更合胃口。

从器具构造上看，不能避免过度萃取，所以挑选好咖啡豆，才能得到好味道的咖啡。要使用品质优质的生豆，无木质味道且充分形成烘焙的咖啡豆。萃取时咖啡粉末要相对粗一点儿，使流水畅通。咖啡萃取量要与咖啡粉量成比例，要尽量抑制住杂味。咖啡粉量比一般的滤杯多一点儿为好。

Chemex
萃取法

准备50g的咖啡粉，研磨度为芝麻粒大小相同或者比芝麻粒大一点儿，85℃左右的热水。

1. 使用6人份的Chemex，先倒入热水温杯之后倒掉。

2. 叠好的滤纸插入滤杯中，再放入咖啡粉。

3. 30秒左右进行事前萃取。

4. 萃取出4人份左右（480mL）时停止萃取。

作者简介 辛基旭

1970年生于首尔，大学毕业后在一家贸易公司工作10余年。1999年以在美国驻外工作为契机与咖啡结缘。回国之后，2003年在韩国开设了“延禧洞咖啡工坊”，从此真正开始了咖啡生涯。2006年成立进口烘焙机的公司，2008年在韩国的弘毅大学附近开设了“Cafe Margie”，也开始了有关咖啡创业的培训业务。2012年开始，业务从运营咖啡店转换成烘焙咖啡以及创业设计咨询等，同时改名为“Roasting Masters”，公司也搬至唐人洞，成立了专业烘焙和专业培训咖啡的公司。目前作者仍然活跃在专业咖啡烘焙和咖啡培训以及企业咖啡咨询服务等领域。

图书在版编目（CIP）数据

我的第一本咖啡书：烘豆、手冲、萃取的完全解析／［韩］辛基旭著；具仁淑译. —沈阳：辽宁科学技术出版社，2016.9（2024.6 重印）
ISBN 978-7-5381-9797-6

Ⅰ. ①我… Ⅱ. ①辛… ②具… Ⅲ. ①咖啡—配制 Ⅳ. ①TS273

中国版本图书馆CIP数据核字（2016）第092120号

出版发行：辽宁科学技术出版社
（地址：沈阳市和平区十一纬路25号　邮编：110003）
印 刷 者：辽宁新华印务有限公司
经 销 者：各地新华书店
幅面尺寸：170mm × 240mm
印　　张：16
字　　数：300千字
出版时间：2016年9月第1版
印刷时间：2024年6月第8次印刷
责任编辑：朴海玉
封面设计：魔杰设计
版式设计：袁　舒
责任校对：栗　勇

书　　号：ISBN 978-7-5381-9797-6
定　　价：49.80 元

联系电话：024-23284367
邮购热线：024-23284502